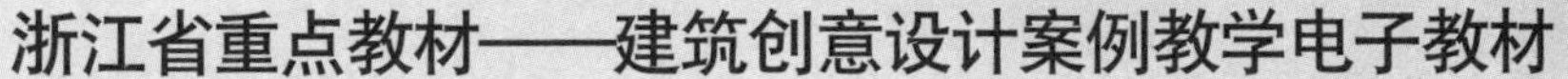

浙江省重点教材——建筑创意设计案例教学电子教材　　丛书主编：于文波

住区空间的生成

仲利强　王宇洁　编著

中国建筑工业出版社

图书在版编目（CIP）数据

住区空间的生成 / 仲利强，王宇洁编著. — 北京：中国建筑工业出版社，2016.2

浙江省重点教材——建筑创意设计案例教学电子教材

ISBN 978-7-112-18641-9

Ⅰ.①住…　Ⅱ.①仲…②王…　Ⅲ.①城市空间—空间规划—高等学校—教材　Ⅳ.①TU984.11

中国版本图书馆CIP数据核字（2015）第262228号

本教材以纸质书籍和PPT光盘文件组合的形式发行，在当下“互联网＋”的知识环境中更有利于初学者根据自己的学习需求有选择地阅读。教材主体由正文和案例图片配合构成，并根据各知识点的描述需要穿插“课堂提问”和“知识补充”等情景小单元，不仅便于学习者直观领悟，而且丰富了阅读画面。

教材中所引介的文献资料和图片反映了国内外居住区规划设计领域中的种种观点和实践现象，适合建筑设计、城市设计、城市规划及相关领域的学生阅读，也可作为高等院校相关专业人士的参考书。

责任编辑：张莉英　于　莉
责任校对：陈晶晶　关　健

浙江省重点教材——建筑创意设计案例教学电子教材
丛书主编：于文波

住区空间的生成

仲利强　王宇洁　编著

*

中国建筑工业出版社出版、发行（北京西郊百万庄）
各地新华书店、建筑书店经销
北京京点图文设计有限公司制版
北京画中画印刷有限公司印刷

*

开本：889×1194 毫米　横 1/16　印张：7½　字数：200 千字
2015 年12月第一版　2015 年12月第一次印刷
定价：**48.00**元（含光盘）
ISBN 978-7-112-18641-9
（27947）

丛书编委会

丛书总序

建筑创作与设计的教学可以从多个层面展开，涉及城市环境、功能布局、建筑形态，也有与建筑结构、建筑设备等技术的相互交融，还与社会文化、地域特征等密切相关，进一步还涉及建筑的尺度、流线、材料、构造等等设计的细节问题。如何传授设计理念、方法和技能一直以来都是各院校教学改革的核心问题。

以往传统的建筑学专业课程体系是以“建筑类型”为主导的建筑设计课程教学，而这套系列教材则是强调以建筑本体为导向，突出“空间与环境”、“空间与行为”、“技术与建筑”、“建筑与文脉”、“建筑与城市”、“城市与生活”六大建筑创作与设计问题，由此形成的“模块化”教学组织思路与主线很有特点。

这套系列教材针对建筑创作与设计中错综复杂的问题进行了合理架构、精心编制，其中对建筑创作与设计中诸多因素的解析、通过案例分析对设计问题的诠释，以及教学过程循序渐进的组织都颇为用心，令人印象深刻。浙江工业大学是一所由浙江省和教育部共同建设的综合性大学，其建筑学专业 10 年前通过了全国建筑学本科教学评估，建筑学科整体发展的势头强劲，通过这套教材能够充分反映出教学团队的教师们对教学的思考与研究。

相信这套系列教材，特别是其附后的 PPT 的电子版本，会给从事建筑设计教学的老师带来极大的便利。也定能惠及广大建筑学专业的学生。另外，对建筑师和相关从业者也具有很好的参考价值。

王竹

浙江大学建筑学系教授·博导

全国高校建筑学专业教育指导委员会委员

中国建筑学会理事

丛书前言

建筑设计知识的获取有 3 个并行的途径：其一，广泛读书，了解前人的理论和实践，批判地吸收；其二，行千里路，感受、观摩已建成优秀设计作品，取其精华；其三，思考、感悟形成个人对建筑环境的价值观，在此基础上不断地进行建筑设计实践探索。

当代建筑设计理论百花齐放，建筑形式和风格千变万化，国内外大师和前卫建筑师的轮番表演，加之现代网络的快速传播，使得在校学习建筑设计的学生无所适从、莫衷一是。这是好事也是坏事。

好事是同学们接受信息多了，借鉴的案例多了；坏处是学生在接受这些信息的时候缺少对建筑的深层理解，优劣不辨，简单模仿新奇的造型，以至于设计作业越来越无厘头而变得“奇奇怪怪”了；甚至老师也解读不了学生的想法。几年下来，除了模仿过几个大师的造型，学生对建筑设计本质问题没有解读，基本问题没有掌握，建筑设计的基本方法没有形成，建筑设计的基本知识不够系统。

鉴于此，我国优秀建筑院校建筑设计教学逐步从传统的以“建筑功能类型设计”为脉络的教学模式转换到以“建筑类型”为载体、以建筑“问题解决”为主线的教学探索。设计教学围绕当代建筑、城市中的重要问题（如环境与场地、功能与空间、构造与材料等）进行课程内容的细化、深化和系统化；并强调设计问题的系统解析，从而培养学生独立思考的能力。但是，由于建筑设计教师往往不情愿花大量时间去编写教材，教学过程中往往以基于自身经验的个体化教学为主，一些精彩的教学内容和个人专长一直没能在新的建筑设计教学中得以结合和推广，从而让更多的学生从中受益，这不能不说是一种遗憾。

8 年来，我一直在琢磨建筑设计中教与学的种种现象，逐渐形成了“模块化建筑设计教学”构思框架，与参编本系列教材的老师们（课程组长）一起确定了各自设计课程教学应解决的关键问题，尝试把这些问题贯穿在现行 5 年的建筑学教学过程中，逐步建立了以建筑的“设计问题”为主线的教学探索，形成“模块化”系列课程的“一草”。在我校建筑学两届专业评估中，“模块化”教学体系得到了许多前辈专家的肯定，这更加坚定我和参加编著教师们的信心。“一草”之后，逐步建立“形态与认知”、“空间与环境”、“空间与行为”、“技术与建筑”、“建筑与文脉”、“建筑与城市”以及“城市与生活”7 个相互衔接的模块化教学课程体系，也逐步形成了这套教材。

这套教材经过 8 年来不断的教学验证、改革、修改，逐步完善，她凝聚着我们建筑系全体教师的心血，也推动着我们学生专业素质的不断提高，获得了很好的社会反响。尽管还不够完善，她却弥补了国内缺乏的以建筑设计关键问题为主导的建筑学教材的空白。除了“形态与认知（形态建构）”已经出版外，本套丛书还包含以下 6 本图书：

1.《空间与环境——小型建筑设计》，王昕编著，（副教授、东南大学建筑学博士）。
2.《空间与行为——幼儿园与老人院建筑设计》，戴晓玲编著，（同济大学建筑学博士）。
3.《建筑与文脉——社区活动中心与博物馆设计》，赵淑红编著，（副教授、东南大学建筑学博士）。
4.《技术与建筑——交通建筑设计与建构》，谢榕编著，（国家一级注册建筑师，国家一级注册规划师，资深建筑师）。
5.《建筑与城市——高层建筑设计》，陈小军编著，（建筑学硕士、国家一级注册建筑师）。
6.《城市与生活——住区空间的生成》，仲利强、王宇洁编著，（同济大学建筑学博士）。

教材的特点是以“工程化”主导，以案例分析为媒介，且以 PPT 的电子化形式呈现，便于阅读和教学使用。教材注重夯实学生对关键建筑设计问题的深入理解、注重应对问题的设计对策的系统解答。教材以建筑师的设计思维习惯，以问题提出、问题分析、问题解决为顺序编制教材的章节结构，不求大而全，但求典型的设计问题的系统解答，从而培养学生良好的思维习惯和设计方法。

我相信并期望这套教材的出版能让国内建筑院校的学生和教师多有获益；我也衷心希望通过本系列教材的出版获得国内同行的回应，使之不断完善，为我国的建筑设计教学尽微薄之力；更希望有更多的建筑学优秀教师致力于此，产生更多更好的面向设计问题解决的建筑设计教材，为我国的建筑设计人才培养做出贡献。

丛书的出版首先感谢我们全体教师长期以来对教学的奉献，为本套教材的编写提供建议和素材，也感谢各位编著教师的大量投入，更要感谢编委会教授们对系列教材的指导和帮助。没有这些，就没有这套教材的顺利出版。有了这些，人生多了许多战友，多了许多风雨兼程的坚持和记忆中的喜悦。

于文波
浙江工业大学建筑工程学院建筑学系教授·硕导·系主任
浙江工业大学建筑规划大类教学委员会主任
“城乡规划与设计”省重点学科负责人

前　　言

0.1　背景

在我国建筑学教育发展路径下，城市住区规划与设计的教学存有两大难题：

1. 难于对理论源头的追溯

新中国成立后长期的住区建设地缘化和形态的同一性使得标准、实用、经济等教育指导思想和人才培养模式占据主导。作为肩负建筑师培养使命的高校建筑学专业，定向的现代工程化训练阻滞了教育对本土化的住区规划设计理论的多维度思索，而现行教学评估标准仍沿袭“从上至下”的统筹分配培养思路。

2. 迷于“流”的演变

从早期学院派“城市美化运动”对居住环境的改良，到新中国成立后以“工人新村、单位大院”等居住系统为代表的地缘性理念引入，再到当前“新古典”风格为代表的市场选择对住区实践的渗透，西方规划思想对我国现代住区规划设计教育影响甚重。但由于课程交替、师资储备等因素的差异，住区规划设计的教学观点并没有达成广泛共识。“课程定位是偏重规划还是住宅单体”、“课程核心是什么”及“如何让学生在系统思维基础上提升设计创新能力”等诸多迷惑，更加限制了众多教育者对这一课程教学模式的认同。

0.2　导向

“空间生成”主题下的住区规划与设计的教学模式存在 3 个要点：

1. 建立基本问题导向

我国住区规划设计教学的发展更倾向于关注在上层规划限制下以居住功能为主进行实践。在其后，居住功能与城市生活的耦合关系被封闭，计划性规划影响着教学成效。住区规划设计教学过程应“打破住、城间的壁垒，回归城市”，应以“住区如何在我国当前城市环境中完成空间形塑”这一基本问题为导向。对住区空间生成认知的“教”，应通过在基本问题框架下设定系列关键子问题展开，个体在以回答问题的“学”环境中渐进提高。

2. 地方性再现

近年来我国住区实践快速膨胀，建筑学教育规模继续扩大。至 2015 年，通过建筑学专业教学评估的院校达 53 所，开设建筑学的院校超过 260 所，在校本科生达到近 5 万人，办学格局具有两大特征：①地方性院校成为新一轮建筑学教育扩张的主体；②批量化的业务人才输送已不再是建筑学教育的单一目标。建筑学教育的培训呈现多样性趋势，而与此相应，建筑学核心价值观逐渐向本土与地方性倾斜。

面对当下住区规划设计教学现状的失衡，立足地方性视角重塑居住环境观并与居住建筑的地域特征相对应。地方性院校的教学体系既应力图解决居住环境的“个性”需求，也应贴近地方文脉的实践。因此，重新审视地方院校住区规划设计课程教学体系，推动基于地域禀赋的设计教学改革，对当前建筑学专业人才培养具有特殊意义。

3. 探索与规范化并进

住区规划设计教学探索主要集中于如下环节：①解读城市生活；②居住空间基础认知；③住区规划设计策略应用。而课程教学的真正繁荣，需要教育框架的全面革新：①打破传统建筑类型化教学，调整遵从规范条款设计的主导地位；②强调理论教学与实践分析结合，在系统中探索理论传输与实践创新分析两个环节的平衡点；③革新主线应该贯穿“空间基础认知—理论掌握—策略实证”的教学线索设定，而常态化课程、固定性师资和灵活的训练模块是规范化发展的重要支撑。

资助：本教材受浙江工业大学重点教材建设项目资助（2013 年至 2015 年 ）。

仲利强

2015.12

目录

目录

第一章　教学框架

教学要求：

通过本章学习，理解教学框架中有关课程区位、教学目标、教学重点和难点以及课程考核等内容。

问题导航			
分节	核心问题	知识要点	权重
1.1　课程区位	如何理解“城市与建筑”模块的区位意义？	宏观尺度	25%
1.2　教学内容	相比建筑单体，住区规划难点是什么？	空间秩序	50%
1.3　教学绩效	课程设计的考核点有哪些？	规划设计说明	25%

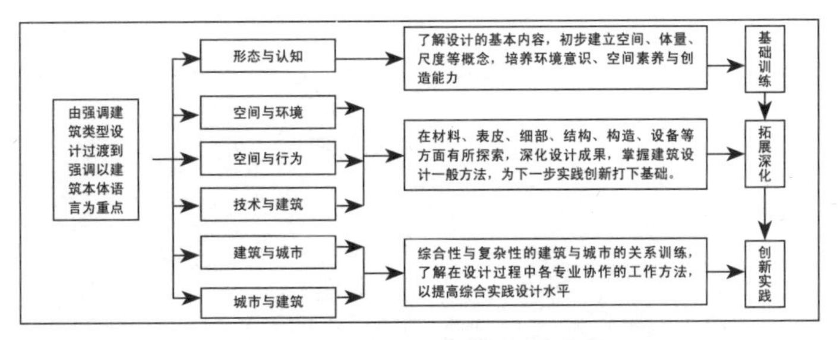

图 1-1 浙江工业大学建筑工程学院建筑系教学模块建设

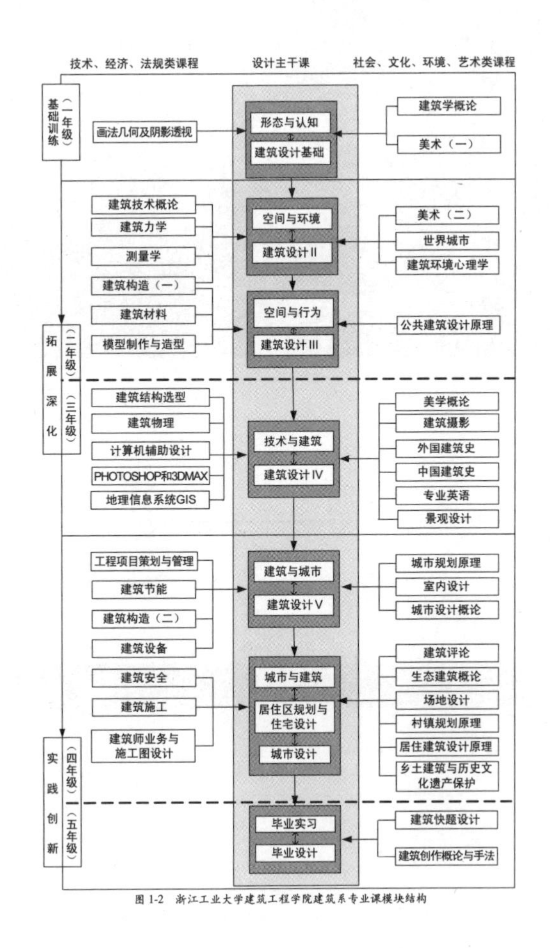

图 1-2 浙江工业大学建筑工程学院建筑系专业课模块结构

1.1 课程区位

1.1.1 模块化系列课程

浙江工业大学建筑学专业教学课程强调以“建筑类型”为依托，以“工程化”建筑设计问题为主线，由强调建筑类型的传统教学模式过渡到以建筑本体语言为重点，建立包括“形态与认知”、“空间与环境”、“空间与行为”、“技术与建筑”、“建筑与城市”及“城市与建筑”六大模块化课程，住区规划设计属“城市与建筑”（图 1-1）。

1.1.2 “城市与建筑”模块

依据培养计划，建筑学专业本科生在完成“建筑与城市”模块学习后，进行“城市与建筑”模块训练（图 1-2）。模块中设置住区规划设计、城市设计两门专业设计课，有居住建筑设计原理、乡土建筑与历史文化遗产保护及村镇规划原理等课程。住区规划设计同时也是学生在学校独立完成的最后一个设计课程，之后学生将进入毕业实习和毕业设计实践训练环节。

1.2 教学内容

1.2.1 教学目的

住区规划设计是建筑学本科专业的学科方向课，属于核心设计类课程。课程为规划设计类课程，在课程设计中要求学生在教师指导下进行设计课题的构思设计和表现。

本课程教学目的是要求学生在了解城市规划基本知识和基础理论的基础上，通过课程设计的实践进一步理解城市住区规划设计的基本方法和相关设计规范。

通过课程学习，使学生学会运用规划设计基本原理练习并掌握住区规划设计成果图件、指标计算、说明及表现技能。

通过课程学习，使学生进一步理解建筑学与城市规划的关系，初步完成从单体设计到城市规划设计的过渡。为塑造建筑师应具有的深厚的职业素养打好基础。

1.2.2 课时分配

住区规划设计课程是根据设计任务书等相关资料，指导学生进行城市中生活居住用地的综合性设计工作，内容包含使用、卫生、经济、安全、施工、美观等方面知识的传输，课时分配如表 1-1 所示。

1.2.3 教学难点

1. 空间尺度转换

经过之前各模块教学训练，学生已经熟知如何将单个可体验的三维空间转化为抽象的二维线条。当学生面临从单体设计初次转向群体规划训练时，通常难以把握多层级、多类别空间的尺度差异，对于理解影响住区空间的行为、经济和文化等因素间的关系产生困难。因此建立住区空间规划的逻辑分析方法至关重要。

2. 设计成果表达

区别于建筑单体设计成果的内容，住区规划设计成果包括完整的图件表达、技术经济指标的测算及规划设计说明书等，这是课程教学的另一个难点。通过课程训练，学生应该学习并掌握住区规划各项成果的编制方法（表 1-2）。

(a)　　(b)

图 1-3　居住区与单体建筑的对比分析
(a) 某商业综合体入口形象草图；(b) 台州路桥樱花路与银安街住区规划鸟瞰图

课堂提问

图 1-3 为单体商业建筑和某居住区的表现图，请同学尝试着从项目与城市关联性、功能组成、交通流线及绿化景观等不同方面理解两个项目之间的差异性。

住区规划设计课程教学内容与课时分配　　表 1-1

序号	分项	课程内容	学时分配
1	城市住区规划设计的方法	1. 住区规划设计的基本过程	3
		2. 住区规划设计的基本要求	
		3. 规划设计与建筑设计的比较	
2	规划设计的前期调研	1. 调研的内容与方法	3
		2. 场地地形条件的分析——现场踏勘	
		3. 城市住区参观调查	
		4. 教师讲评	
3	住区规划设计理论与实践综述	1. 城市住区发展现状概述	3
		2. 住区规划设计案例分析	
		3. 布置城市住区规划设计任务书——任务书解读	
4	住区规划构思	1. 不同的构思的切入点	3
		2. 住区的规划结构分析	
		3. 住区的定位、功能组织、交通组织方式研讨	
		4. 住区的总图构思	
5	住区规划设计方案比较	1. 学生草图方案讲评与交流	6
		2. 规划设计方案比较的内容与方法	
		3. 规划设计方案一次草图	
6	住区规划设计方案深入	1. 草图方案讲评与交流	6
		2. 规划设计方案深入中的问题剖析	
		3. 住区的交通组织模式和道路规划	
		4. 住区的公共服务设施规划布置	
7	住区规划设计方案完善	1. 住区绿地系统和户外空间规划设计方法	3
		2. 市政工程设施布置基本要求	
		3. 规划指标的计算	
8	规划方案定稿	1. 住区规划设计成果编制内容与要求	3
		2. 规划设计图纸表达方法	
9	住区规划设计成果绘制	1. 规划设计图纸绘制	6
		2. 规划设计说明书编写	
10	作业交流与讲评	1. 学生自我介绍作品	3
		2. 提问与讨论	
		3. 教师讲评作业	
11	规划快题设计	1. 快题设计构思方案和表现要点	6
		2. 完成规划设计快题	

建筑设计与居住区规划设计成果区别　　表 1-2

分项	建筑单体设计成果内容	住区规划设计成果内容
基础资料	以修建性规划条件为主	政策法规性文件、自然以及人文历史方面的数据及资料
图件	建筑效果图； 总平面； 建筑功能分析图； 流线分析图； 绿化等分析图； 各层平、立及剖面等	规划设计图； 规划结构分析图； 交通分析图； 绿化景观等分析图； 工程规划设计图； 形态意向规划设计图； 模型； 典型住宅建筑户型选择与设计
文字	设计构思及概况介绍	规划设计说明（以调研分析结论为基础进行构思）； 规划经济指标（用地平衡及主要技术经济指标）

1.3 教学绩效

1.3.1 课程评价

对于课程教学的评价是一种在收集必要教学事实信息的基础上，依据一定标准对课程教学系统的整体或局部进行价值判断的活动（图 1-4）。

1.3.2 教学成效

1. 教学成效评价

教学成效评价主要针对课程教学的实施过程和实施效果，包括教学管理、课堂教学、实践教学、课程改革，以及师生相互评价。住区规划设计课程的实践性要求教学除了理论讲授之外，教师还需要对学生的实践与设计活动给予及时的指导与协助。

2. 实施效果评价

课程实施效果评价包括学生成绩反映、学生评价和社会评价等。对于学生评价的跟踪调查应包括已学学生和在学学生，可采用问卷或座谈方式就课程内容、课程安排、教师指导情况、硬件配备与使用等方面收集学生对于课程的反应和建议。

1.3.3 成绩评定

课程成绩由过程评价与成果评价两个部分构成，其中过程评价的要素包括：①基础调研及成果。主要考查学生在教学活动中对基础入户调查过程的参与度和积极性，并且在团队合作基础上独立发现问题、归纳并分析问题的能力。②规划总图快速设计。主要考查学生在有限时间内对住区规划中建筑布局、出行道路及绿化景观等子系统的统筹配合能力。

课程成果评价是图件及文字说明等成果完成情况，主要评分依据包含构思分析、规划布局、图纸表现和规范完成情况等分项，具体打分细节参考建筑学系“住区规划与设计评分标准”。

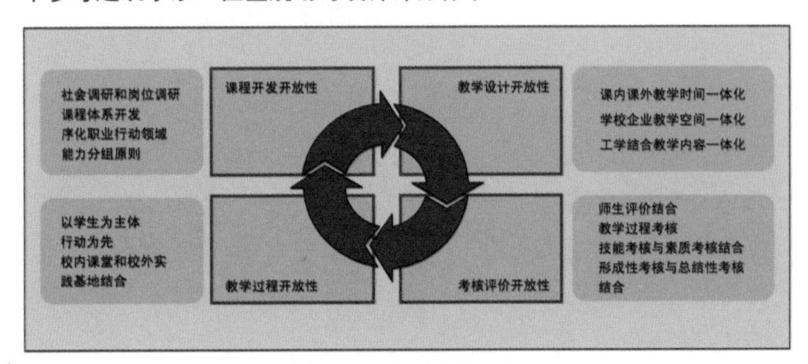

图 1-4 住区规划设计课程的评价特征

第二章　住区的演化

教学要求：

通过本章学习，理解人居环境、住区及住区规划概念，了解国内外城市规划思想流变及住区实践概况，思考西方影响下我国住区空间的发展路径。

问题导航			
分节	核心问题	知识要点	权重
2.1　概念解析	如何理解住区与人居环境之间的关系？	住区规划的内容	15%
2.2　国外演进	国外城市规划思想与住区建设之间的线索是什么？	邻里单位、有机疏散	20%
2.3　国内演进	国内城市规划思想与住区建设之间的线索是什么？	扩大街坊、小区理论	30%
2.4　中西对比	西方思想影响下，哪些作法值得我们继续借鉴？	“居住区 - 小区 - 组团”层级	35%

(a)　(b)　(c)

图 2-1　各类型聚落景观

(a) 城市景观；(b) 集镇景观；(c) 乡村景观

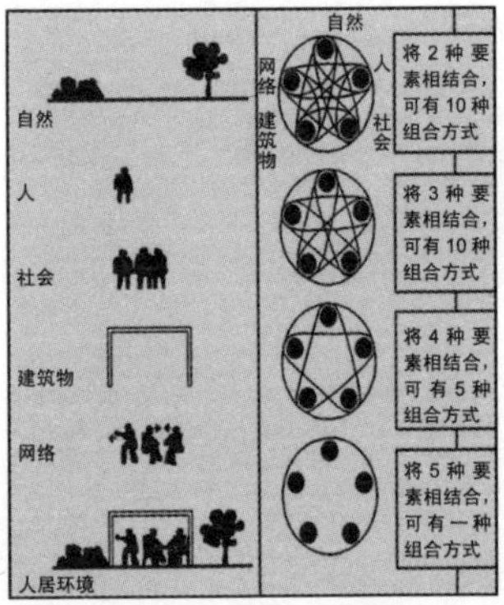

图 2-2　人居环境系统示意图

图 2-3　某城市住区整体形象草图

住区的本质　表2-1

分项	内　容
主体	住宅或住区，这是构成城市住区的主体
与城市关系	思考如何从城市角度进行住区配置，住宅与城市公共领域的关系
综合性	住区兼具实体环境与社会文化环境的意义

住区规划的基本内容　表2-2

序号	内容
1	选择、确定用地位置、范围
2	确定规模，即确定人口数量和用地大小
3	拟定居住建筑类型、层数比例、数量、布置方式
4	拟定公共服务设施的内容、规模、数量、分布和布置方式
5	拟定各级道路的宽度、断面形式、布置方式
6	拟定公共绿地、体育、休息等室外场地数量、分布和布置方式
7	拟定工程规划设计方案及各项技术经济指标

2.1　概念解析

2.1.1　人居环境

1. 形成

人居环境的形成是社会生产力发展引起人类生存方式不断变化的结果。在这个过程中，人类经历了从被动依赖自然—逐步利用自然—主动改造自然的过程。

2. 发展

演化大致经历了三个阶段：

①工业革命以前：人居环境规模缓慢增长状态；②工业革命后至1960年代：城镇规模急剧扩大，乡村相对稳定，形成人口从乡村—小城镇—中等城市—大城市的向心移动模式；③1960年代后：人居环境演化进入第三个阶段。

3. 类型

人居环境涵盖的人类聚居形式，通常可以分为乡村、集镇和城市三大类，如图2-1所示。

4. 人居环境理论

“人居环境”指人类聚居生活的地方，是人类利用自然改造自然的主要场所。它不仅包括住房、城市或乡村的物质结构，还指所有人类活动的过程，包括居住、工作、教育、卫生、文化、娱乐等。从空间上，人居环境可分为自然、人、社会、建筑物和网络等要素，见图2-2。

2.1.2　城市住区

泛指：被城市道路或自然分界线所限定，或与一定管理范围相对应的，以居住为主要功能的城市片区，亦称“居住区”（表2-1）。

特指：被城市干道或自然分界线所围合，并与居住人口规模（30000～50000人）相对应，配建有一整套能满足该区居民物质与文化生活所需的公共服务设施的居住生活聚居地(图2-3)。

2.1.3　住区规划

规划，即进行比较全面的长远的发展计划，是对未来整体性、长期性、基本性问题的思考、考量和设计未来整套行动的方案，住区规划的基本内容见表2-2。

住区规划的广义概念是指研究建筑群体组合、生活行为和文化审美三个方面与空间的关系；其狭义概念是指对住区地块划分（图 2-4）、住宅群体结构、道路交通、生活服务设施、各种绿地和游憩场地、市政管网设施等系统进行具体的安排。

2.2 国外演进

2.2.1 古代

在 19 世纪工业化之前，古罗马时期的享乐主义和对外扩张的伦理化倾向所形成的社会主流思潮影响着城市规划思想，使西方规划实践的主流形成以构图、艺术创作等唯美主义为主体的活动，代表了以轴称、对位、广场为特征，彰显君权神圣的古典主义规划观。城市空间中核心街区贵族府邸和周边延续原有肌理自由生长的普通住宅构成住区形态（图 2-5）。

2.2.2 现代

17 世纪下半叶，西方世界科学突飞猛进，推进了 19 世纪的工业革命。西方城市规划思想从唯美主义创作活动转变为面对现实社会、以解决问题为导向的城市规划，导致“现代城市规划思想”诞生。新住区理论以“雅典宪章”（表 2-3）为指导，对住区进行了“大规模激进式”改造，对人居环境的影响包括：居住单元组织和新式住宅建筑、住宅的组织和新式住区及新式城市。

自工业革命初期至 1960 年代，西方住区规划流派与城市空间理论发展密切关联，整体表现为“集中主义”和“分散主义”两种趋势的交织过程。

案例分析

新街和罗利宫殿体系是欧洲第一个在统一框架内的城市发展项目，被誉为“全欧洲最美丽的街道”。“新街”两边遍布了文艺复兴时期的剧团和巴洛克风格的宫殿。

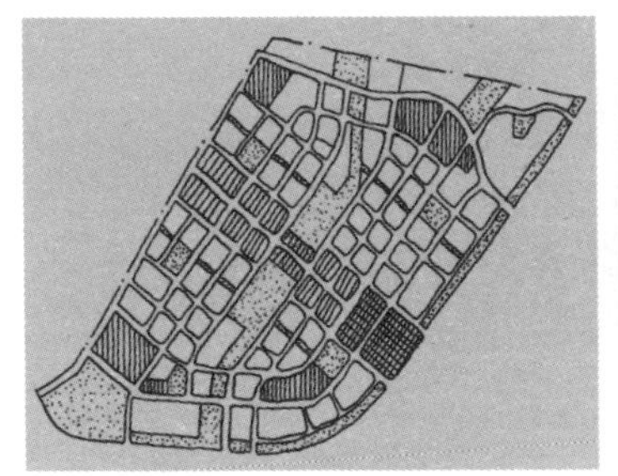

图 2-4 城市住区规划地块划分

(a)

(b)

(c)

图 2-5 意大利热那亚景观
(a) 新街鸟瞰图；(b) 内城府邸外观；(c) 港口总平面图

雅典宪章核心内容 表2-3

序号	内容
1	城市与周围地区是一个不可分割的整体
2	居住、工作、游憩和交通是城市的四大基本活动
3	居住区应选用城市的最好地段，在不同地段根据生活情况制定不同的人口密度标准，在高密度地区应利用现代建筑技术建造间距较大的高层住宅
4	工业必须依其性能、需要进行分类，选址时应考虑与城市其他功能的相互关系
5	利用城市建设和改造机会开辟城市游憩用地，开发城市外围自然风景满足居民游憩需要
6	城市必须在调查基础上建立新的街道系统并实行功能分类，以适应城市现代交通工具需要
7	城市发展过程中应保留有历史价值的建筑物
8	每个城市应制定与国家计划、区域计划相一致的城市规划方案，必须以法律保证其实现

(a)

(b)

图 2-6 勒·柯布西耶理念图
(a) 机器文明——现代城市概念草图；(b) 巴黎“分户产权公寓”草图

(a)

(b)

图 2-7 德国 20 世纪初期的行列式住宅
(a) 西门子住宅；(b) 柏林行列式住区总图

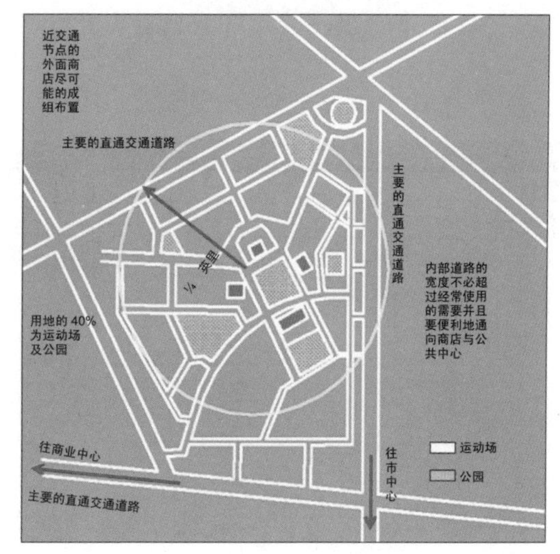

图 2-8 科拉伦斯·佩里的邻里单位理论示意图

知识补充

以格罗皮乌斯为代表的建筑师主张标准化和模数化。在住区设计中他将大量光线引入室内，为了保证自然通风和采光，摒弃传统的周边式布局，采用行列式布局，这种布局成为现代主义合理化住宅的理论基础。在德国西门子住区中还体现了在一定建筑密度要求下，以建筑高度来决定房屋合理的房屋间距，以保证充分的日照和绿化空间。

1. 集中主义

以勒·柯布西耶为代表的“集中主义”是在理性（机器文明，图 2-6）、功能及秩序的制衡下产生的。“集中主义”规划原则包括：强调城市中心区建设，增加人口密度，组织合理的流线和充分利用绿地。在集中主义思潮影响下住区逐渐成为独立于原有城市之外、功能单一的孤岛，大片绿地上千篇一律的大体量住宅是当时最具代表的住区形态。

集中主义主要包括：行列式住宅、邻里单位、雷得朋体系、光辉城市等规划模式。

（1）1910 ～ 1940 年的行列式住宅

1913 ～ 1934 年间，柏林现代主义建筑师们修建了 6 个居住区，它们与恺撒时期密集的出租公寓形成了鲜明对比，“光线、空气和太阳”是设计基调。法尔肯贝格花园、席勒公园群落、卡尔 - 勒基恩、布里茨大聚落群、白城和西门子大聚落城都是根据这种规划理念修建而成的居民区（图 2-7）。

（2）1929 年的邻里单位

为适应因机动交通发展带来的城市结构变化，1929 年科拉伦斯·佩里创建“邻里单元”（Neighborhood Unit）理论，改变过去住区结构从属于道路划分为方格状的传统做法（图 2-8）。

他以城市交通干道围绕的部分居住建筑和日常需要的各项公共服务设施和绿地组成最基本单位，使儿童入学、日常活动能在内部进行，从每家到住区中心的步行距离最大半径应该为 1/4 英里，商业用地坐落在道路交叉口上，要比放在邻里中心要好。以此为基础设定人口规模和用地规模。此后英国及北欧国家规划新城建设广泛运用“邻里单位”这一概念。

邻里单位理论的目的是要在汽车交通发达条件下，创造一个适合于居民生活、舒适安全、设施完善的住区环境。根据科拉伦斯·佩里的论述，邻里单位理论包括 6 个要点，如表 2-4 所示。

（3）1929 年的雷德朋体系

雷德朋体系是著名城市规划师和建筑师克拉伦斯·斯坦与亨利·赖特于 1929 年完成设计并建设的。它充分考虑了私人汽车对城市生活的影响，开创了一种新的住区和街道布局模式——以主要干道为边界划定住区范围，形成一个安全、有序及较多花园用地的居住环境（表 2-5）。

此模式的特点为：①平面上行人和机动车有各自的流线，在人车冲突之处设简易立交；②首次将住区道路按功能划分为若干等级，提出树状道路系统及尽端路；③减少了过境交通对居住区的干扰；④创造出积极的邻里交往空间，这在当时被认为是解决人车冲突的理想方式（图 2-9）。

邻里单位的空间特征　表2-4

分项	空间特征
规模	一个居住单位的开发应当提供满足一所小学服务人口所需要的住房，实际面积则由它的人口密度所决定
边界	以城市主要交通干道为边界，这些道路应当足够宽以满足交通通行需要，避免汽车从居住单位内穿越
开放空间	应当提供小公园和娱乐空间的系统，它们被计划用来满足特定邻里的需要
机构用地	学校和其他机构服务范围应当对应于邻里单位界限，它们应适当地围绕一个中心或公地成组布置
地方商业	与服务人口相适应的一个或更多的商业区应当布置在邻里单位的周边，最好是处于交通的交叉处或与邻近相邻邻里的商业设施共同组成商业区
内部道路	提供特别的街道系统，每一条道路都要与它可能承载的交通量相适应，整个街道网要设计得便于单位内的运行同时又能阻止过境交通的使用

雷德朋道路分级体系与功能　表2-5

等级	名称	服务区域	交通功能	布局功能
1	对外道路	居住区	承担整个居住区的对外交通	划定邻里单元边界
2	地区干道	邻里单元	提供不同邻里之间的交通联系	
3	集散道路	大街坊	集散进出尽端路的机动车流	划定大街
4	尽端路	街区	满足车辆出入住宅的要求	组织群落布局
5	专用步行道	住宅	提供住宅与公园等的联系	划定街区边界

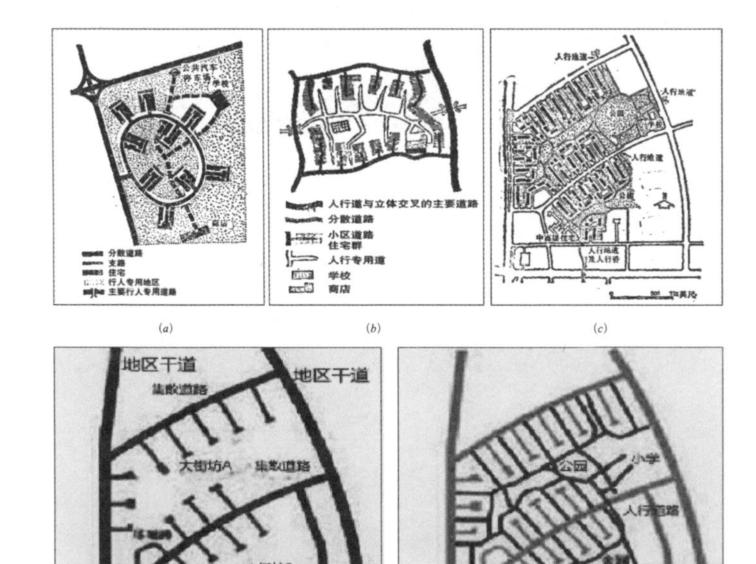

(a)　(b)　(c)

(d)　(e)

图 2-9　雷德朋交通理论

(a) 原理图；(b) 道路分析图；(c) 系统总图；(d) 机动车道路分析图；(e) 步行道路分析图

（4）光辉城市

勒·柯布西耶宣称用现代化的技术力量反映崭新时代精神，应以英雄主义态度来规划现在的城市。他将工业化思想（图 2-10）带入城市规划，提出了“光辉城市”理论，描绘出城市生活的高级状态。

田园城市空间特征　表2-6

分项	设置特征
核心	中央是一个面积约145英亩的公园
平面	圆形半径约1240码（1码=0.91m）
形态	6条主干道路从中心向外辐射，把城市分成6个区
外围	城市最外圈地区建各类工厂、仓库及市场，一面对着外层环形道路，另一面是环状铁路线，交通方便

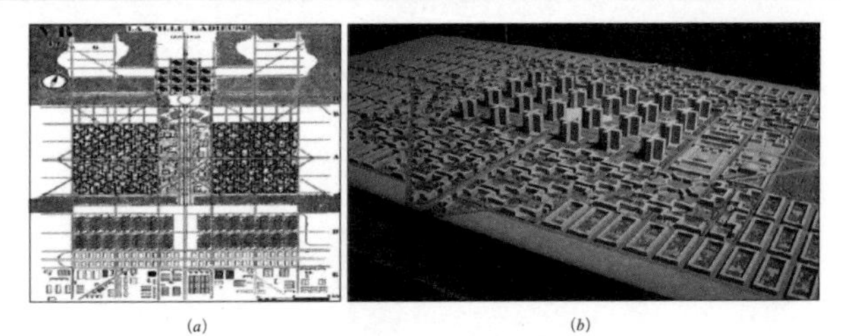

(a)　(b)

图 2-10　光辉城市方案

(a) 规划草案（容纳300万人口规模）；(b) 整体形象

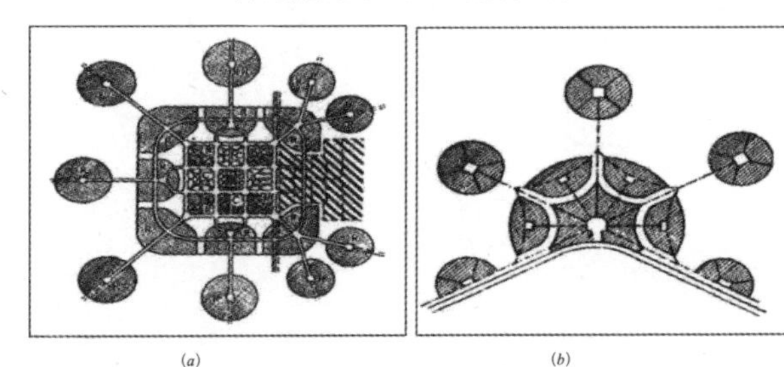

(a)　(b)

图 2-11　欧文的卫星城市

(a) 城市结构；(b) 城市组群结构

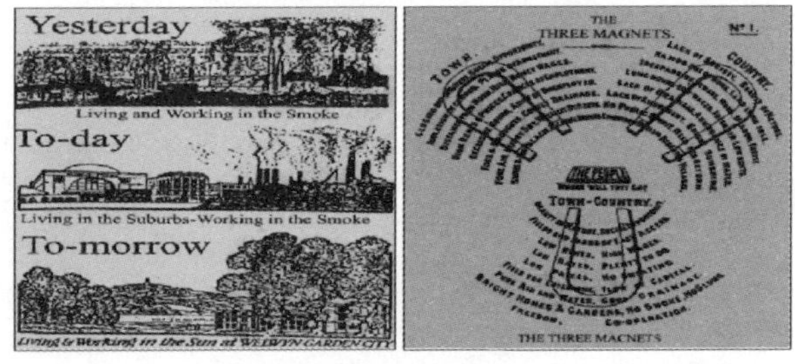

图 2-12　田园城市磁力模型及构想图

“光辉城市”理论主张：①功能分区明确；②市中心建高层，降低密度，空出绿地；③底层透空（解放地面，视线通透）；④棋盘式道路，人车分流；⑤建立小城镇式居住单位。

(a)　(b)

图 2-13　田园城市

(a) 田园城市实践项目——惠灵新镇规划总图及实践；(b) 田园城市规划概念图

2. 分散主义

以沙里宁为代表的分散主义也成为主流规划思想，分散主义认为城市的各种问题的产生是城市中心过分拥挤造成的，主张分散的城市结构，主张与大自然亲近，有很强的人文主义色彩。分散主义者认为城市作为一个有机体是和生物的内在秩序相一致的，不能听其自然结成一块，应对其中不经常的“偶然的活动”做出分散布置，欧文、帕克尔的田园城郊（社会性综合社区）便是代表性理论和实践之一（图 2-11）

（1）田园城市

19 世纪末英国社会活动家霍华德提出为减少城市的烟尘污染，必须以电为动力源，城市垃圾应用于农业，还设想田园城市空间模式：由 6 个单体田园城市围绕中心城市，构成城市组群，他称之为“无贫民窟无烟尘的城市群”，其地理分布呈现行星体系特征，中心城市的规模略大些，建议人口为 58000 人，空间特征如表 2-6 所示。

霍华德把城市当作一个整体来研究，提出适应现代工业的城市规划问题，对人口密度、城市经济、城市绿化等问题提出了见解，包括城市发展极限、有机平衡及动态管理的观点。其理论对现代城市规划学科的建立起到了重要作用，并且直接孕育了英国的现代卫星城镇规划理论。即使到现在，许多现代城市规划理论仍能从中汲取到丰富的营养，新城市主义也是其受惠者之一（图 2-12，图 2-13）。

（2）有机疏散

伊利尔·沙里宁在 1934 年发表的著作《城市——它的发展、衰败与未来》中提出了著名的有机疏散理论（图 2-14），对二战后城市规划理论和实践有很大的影响。有机疏散理论认为个人的日常生活应以步行为主，并应充分发挥现代交通手段的作用。这种理论还认为并不是现代交通工具使城市陷于瘫痪，而是城市机能组织不善，迫使在城市工作的人每天耗费大量时间、精力作往返旅行，且造成城市交通拥挤堵塞。二战后西方大城市以“有机疏散”理论为指导，调整城市发展战略，形成了健康、有序的发展模式。

其中最著名的是大伦敦规划和大巴黎规划。1915 年，沙里宁与贝特尔·荣格受一家私人开发商的委托为芬兰的赫尔辛基新区蒙基涅米 - 哈加制定了一个 17 万人口的扩展方案，也称“大赫尔辛基”方案（图 2-15）。方案符合有机疏散理论的原则，主张在赫尔辛基附近建立一些半独立的城镇，定向疏导城市，以控制城市进一步扩张。

（3）赖特的广亩城市

赖特提出的广亩城市（图 2-16），本质上是对城市的否定。他认为随着汽车和廉价的电力遍布各地，那种把一切活动集中于城市的需要已经终结，分散住所和就业岗位将成为未来的趋势。赖特的理想是建立一种每户居民都有土地的农村生活方式，属于脱离实际发展的一种梦想。

案例分析

图 2-14 中，假设集中的城市中 50% 的面积已经衰败，进行整顿需要 50 年，在此期间城市面积将扩大 1 倍。

上图：研究性设计的逆时间演变过程；

下图：设计调整工作的顺时间演变过程。

案例分析

在赖特构想中，每户周围都有 1 英亩土地（4047m^2），足够生产粮食蔬菜。居住区之间以超级公路相连，提供便捷的汽车交通。沿着这些公路，他建议规划路旁的公共设施、加油站，并将其自然地分布在为整个地区服务的商业中心之内。

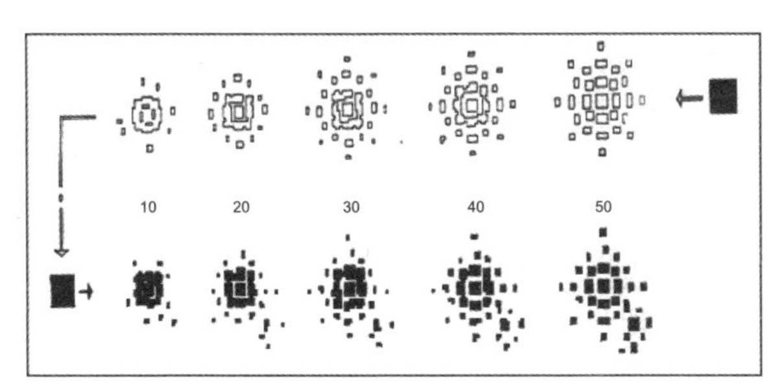

图 2-14 伊利尔·沙里宁城市有机设计图解（分 5 个 10 年时期）

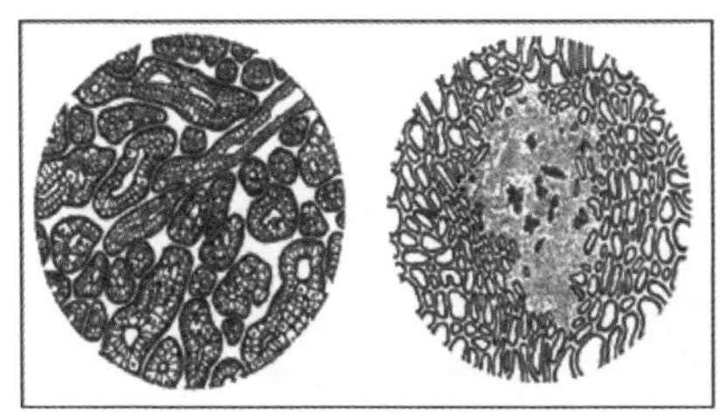

(*a*)

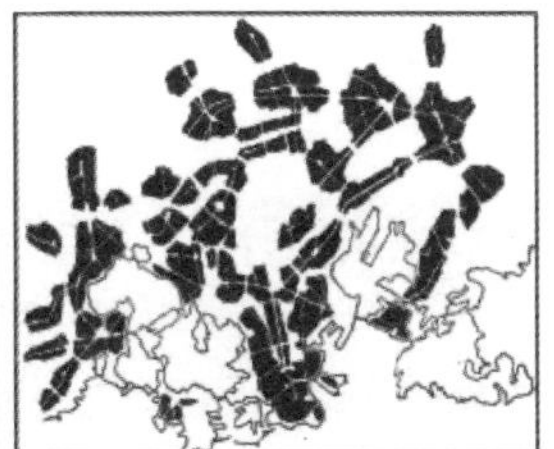

(*b*)

图 2-15 有机疏散理论及实践
(*a*) 理论图示；(*b*) 大赫尔辛基规划

知识补充

有机疏散的两个原则：个人日常生活和工作即沙里宁称为“日常活动”的区域，作集中的布置；

不经常的“偶然活动”（例如看比赛和演出）的场所，不必拘泥于一定的位置，则作分散的布置。

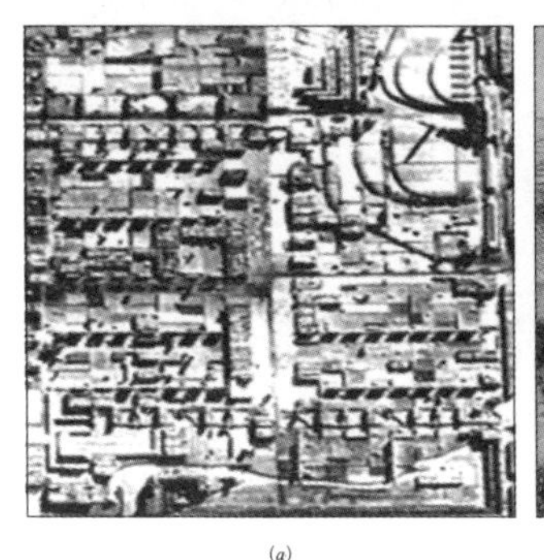

(*a*)

(*b*)

图 2-16 广亩城市
(*a*) 概念图；(*b*) “广亩城市”景象图

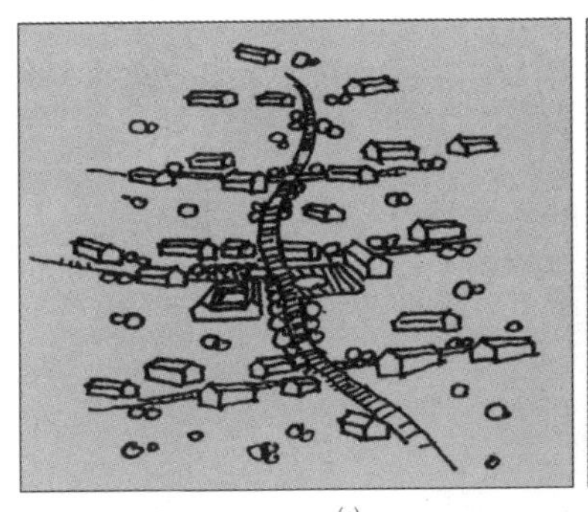

(a)

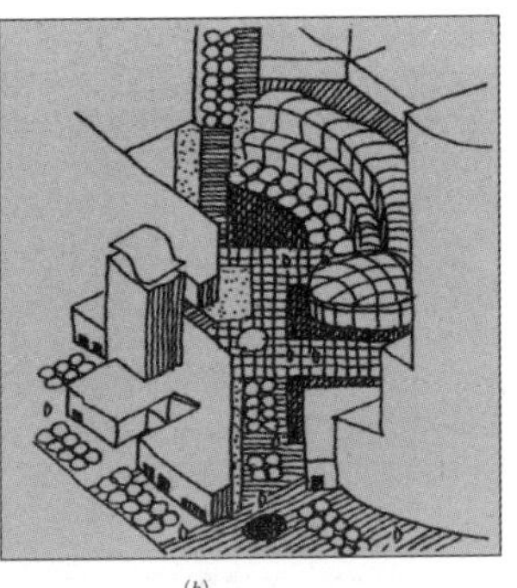

(b)

图 2-17 两种规划思想指导下的发展模式：
(a) 分散模式；(b) 集中模式

案例分析

印度昌迪加尔和巴西巴西利亚，虽然这两个城市分别由不同的规划师规划，却由于遵循共同的规划理念而体现出诸多相似性：

①象征性的构思；②分区布局；③邻里单元组成的住区。

两种规划思想的对比　表2-7

集中主义	认知	分散主义
科学理性	模式	借鉴传统模式
在城市中心基础上以技术改造达到接近自然	区位	强调将居民向市郊或卫星城布置
强调居住空间向高空发展，将大地留给居民	密度	追求较低建筑密度，从而融合自然环境

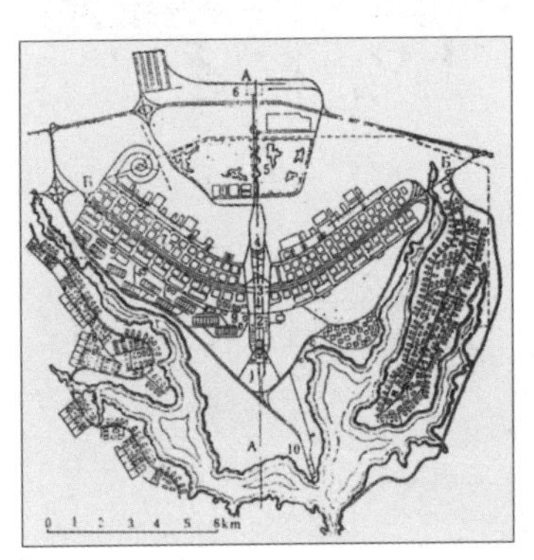

(a)

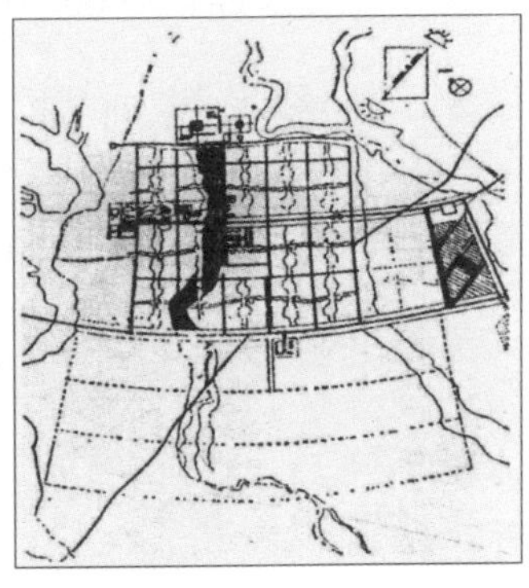

(b)

图 2-18 象征性构思的城市规划实践案例
(a) 印度昌迪加尔规划平面图；(b) 巴西巴西利亚规划平面图

(a)

知识补充

凡·艾克是第一个开始在建筑上对现代主义建筑理论提出挑战的建筑师。作为TEAM10的成员，他偏向人文主义价值观念。“为我们而建，由我们而造”是他个人作品集的主题。他的同伴史密森夫妇在“金巷”住宅设计中强调公共平台对住区交往的重要性。

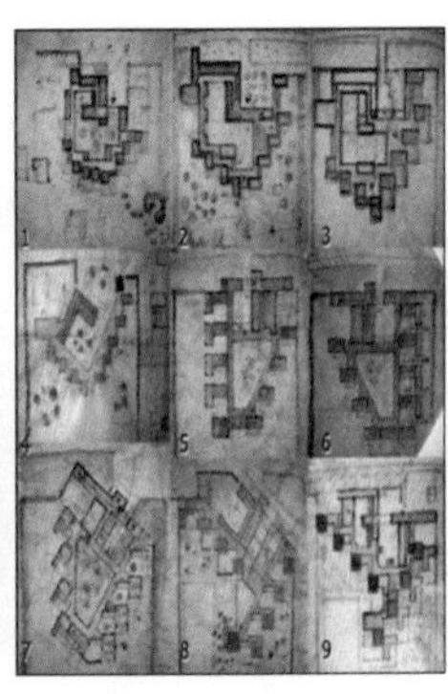

(b)

图 2-19 强调邻里交往的住区规划思想
(a) TEAM10成员之一的史密森夫妇“金巷”住宅竞标方案；(b) 房子即城市——凡·艾克构思设计的孤儿院草图

3. 现代主义“纷争—综合”

在上述两种城市规划思想引导下（表2-7），西方世界出现了多种住区规划的新理论，并在许多城市付诸实践（图2-17）。由于城市范围内的区位普遍存在差异，因此两种理论都能在城市中得到应用。通常的城市发展都呈大分散小集中的形态，这种集中既包括中心区也包括其他一些节点区，而分散则意味着有更多的区位用于居住。

早期城市规划思想遵从功能主义，以满足功能需要为出发点去设计形式，现代建筑运动的发展使功能主义上升到了现代主义，城市功能被分解为居住、工作、游憩、交通四项，再辅以交通网络彼此联系（图2-18）。

2.2.3　后现代

1. 注重社区邻里交往

凡·艾克被称为荷兰的简·雅可布斯，他坚信社区邻里交往的重要性，主张在城市住区重构时保护社会联系。他坚信交往和视觉交流可以通过设计达到。在《另一个概念的故事》中，他对战后住区进行社会批评，提出交往、间隔（In between）、小尺度的重要性，如他设计的阿姆斯特丹市立孤儿院（图2-19）。

2. 城市非树形

美国学者克里斯托弗·亚历山大分析了传统城市与第二次世界大战以来的功能主义等级化的城市组织结构，指出传统的自然形成的城市与20世纪50年代出现的人工设计的城市在内在组织结构上有极大分别：“人造”城市普遍存在着树形结构，即每个城市空间内仅具备单一功能，而各功能元素彼此独立，并形成明显的等级化空间组织结构。他认为树状结构城市是不真实的，现代社会其实已经不存在真正意义上完全闭合的小圈子，而是由无数相互交叠的圈子共同形成的半网络结构（图2-20）。

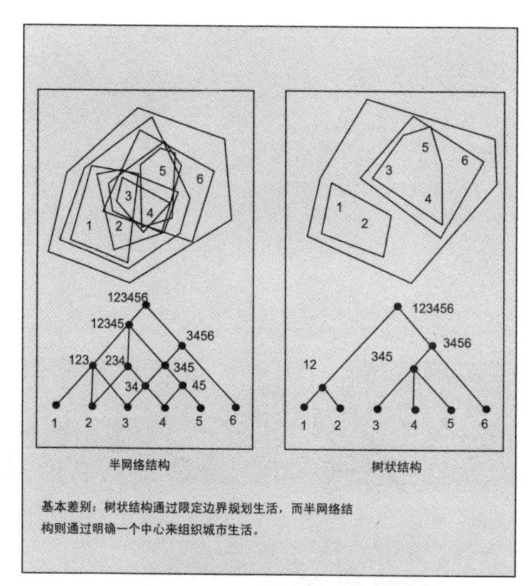

图2-20　亚历山大的树形结构与半网络结构图解

3. 紧凑与混合住区

紧凑城市理念最早在1973年由Dantzig·G提出（表2-8），直到1990年代初才在西方获得广泛关注，并被认为是最可持续的方式。这实际上针对两大难题：中心城区因为衰败和工业社会向后工业转变产生的城市衰退区与废弃区，使得城市住区在这些区域松散单一、缺乏丰富场所感、缺乏紧凑的社区结构；而对于郊区住区，以美国城市为代表的“郊区蔓延”成为能源浪费和被指为不可持续的典型模式。

紧凑城市的规划思想要点　表2-8

分项	设置特征
中心区	加强城市的重新发展，恢复中心区的再次兴旺
城乡关系	限制农村地区的大量开发和更高的城市密度
城市功能	功能混用的用地布局
外交通	优先发展公共交通，公共交通节点处集中城市开发
建设密度	合理提高建筑的密度和强化社区服务及社区发展等

知识补充

1990年，在欧共体委员会（CEC）发布的《城市环境绿皮书》中，给出紧凑城市的模式概念为“脱胎于传统的欧洲城市，强调密度、多用途、社会和文化的多样性”的城市。

4. 新城市主义

新城市主义提出“传统邻里开发模式（TND）”与“交通主导开发模式（TOD）”，其共同的出发点就是在城市中形成围绕公共中心的步行住区，其中，“步行住区”可以看作是新城市主义的首要概念（图2-21）。

（1）新型邻里模式（TND）组织原则是：①规模。以5min步行距离，即400m半径作为住区规模的限定，街道间距70~100m；②功能。邻里内部强调土地使用与建筑类型的多样化和混合性；③核心。公共建筑为邻里核心，并与主要公共空间联系。

知识补充

亚历山大批判了“邻里”这个概念，在实际生活中，似乎根本不存在闭合的、人为设计的城市邻里社区那样的邻里社团概念。

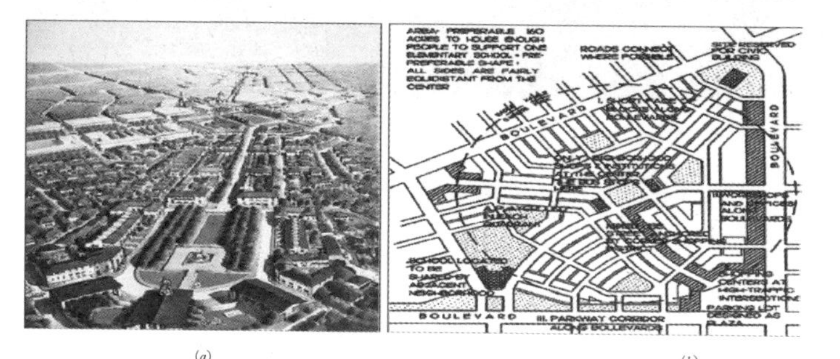

(a)　(b)

图2-21　新型邻里模式图

(a)邻里中心通过交通站点与城镇中心相连；(b)DPZ在的新型邻里模式图

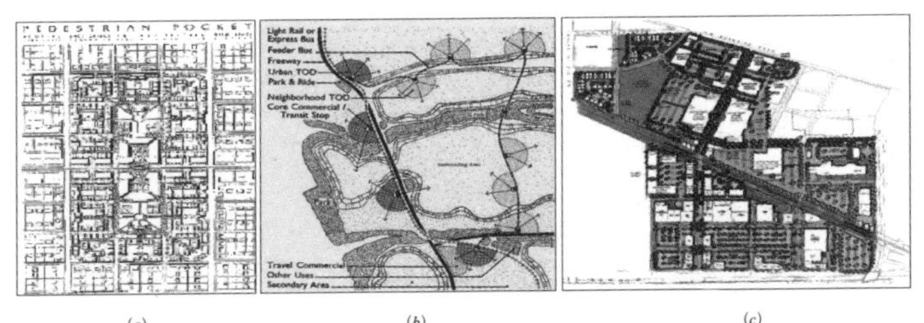

(a)　　(b)　　(c)

图 2-22　TOD 发展模式图

(a)“步行口袋”概念总图；(b) 区域 TOD 发展模式图；(c) 围绕轻轨站点规划的 TOD

知识补充

“步行口袋”内容：①每个“步行口袋”面积约 48 万 m²，并由轨道交通连接而形成区域网络。②“步行口袋”综合布置住宅、办公室、零售商店、幼儿园、娱乐设施和公园。

(a)　　(b)

图 2-23　古代里坊图

(a) 里坊局部景观；(b) 唐长安城里坊总图

案例分析

封建社会时期，唐长安城的人口规模达 100 万人，用地为 80km² 左右，居住区基本单位——“坊”的面积也进一步扩大，大的约 80hm²，小的约 27hm²。

（2）交通引导模式（TOD）（图 2-22）：美国城市未来学者 P·卡尔索普针对郊区住区的模式。同样建议 1/4 英里或 5min 步行距离的混合社区开发，称之为“步行口袋”。“步行口袋”致力于减少城市交通量，节约土地和能源，使儿童和老人都能得到更多的服务，减少上下班交通时间，创造更多的公共活动。

2.3　国内演进

2.3.1　古代

我国古代城市中具有明显的居住区分化现象，起决定作用的是宗教与家族地位等传统社会因素，居住空间结构主要通过血缘、亲缘等传统社会关系得以维持加强。

1. 里坊

奴隶制社会中，随着城市的形成，最早的居住环境组织形式——“里坊”从北魏开始出现，唐、宋逐步完善的“里坊”是古代最具代表性的住区形态。“里坊”数量选择以及它的区位，反映出《周易》的数理取向和《周礼》的九则之制（图 2-23）。

2. 商业街巷

自城市发展了商业区后，由于院落房屋店铺不能直接面对街道吸引顾客，不利于门市营业，于是四合院制式之外的沿街建筑就出现了（图 2-24）。

3. 胡同

是指城镇或乡村里主要街道之间的、比较小的街道，一直通向居民区的内部。

4. 水院

南方临水沿街自由布置的院落式民居，如江浙一带一侧临水，一侧沿路，便于水、陆交通和商业布置的住区形态，更多的反映出《管子》因地制宜的规划思想。

2.3.2　近代

1840 年后，伴随着列强入侵，国外文化、经济、技术的大量输入，引起了我国城市和住区形态的巨大变化，居住空间由原来的“单一计划模式”转变为“与其他功能区交错混杂的模式”，呈现出工作、居住混合一体的空间形态。住区规划思想也充分显示出了殖民主义与民族主义间的矛盾与融合。我国近代城市居住地出现的变化可以分为两类：

（1）西式别墅和公寓

此类住宅建筑是帝国主义和官僚买办资产阶级所拥有的新型的高级住宅区，都占据着城市中环境较好的地段（图 2-25）。

（2）里弄

另一类则为拥挤着破产农民和其他劳动者的破旧的贫民棚户区以及密集的里弄街坊，均位于城市环境最差之处。里弄的总平面布置通常用纵向或横向联列形式 (图 2-26)，不大注意朝向，由总弄出入。各幢房屋的排列出现了欧洲联排式房屋的形式，而在装修、构造、单体建筑上多受江南传统民居的影响。

2.3.3　现代

由于封建式大家庭的解体，居住形态由“内向封闭”转变为“外向开放”，在组团划分、公共服务配套设施、节约土地等方面都反映出中国的国情。

现代时期我国居住区建设可以划分为（图 2-27）：

① 1949 ～ 1978 年间居住区规划的早期实践；

(a)

(b)

(c)

图 2-24　商业街巷、胡同及徽居景象
(a)《清明上河图》中商业街景；(b) 北京胡同；(c) 徽居院落

案例分析

宝山新格里弄地块位于上海宝山区顾村，规划容积率为 1.25（用地面积为 10.03 万 m^2），建筑面积为 12.55 万 m^2，建筑密度为 38%，可居住人口总数约 1642 人，机动车配建停车，泊位取 1 泊位 / 户。

(a)

(b)

图 2-25　西式别墅和公寓
(a) 上海多伦路孔祥熙公馆；(b) 青岛八大关别墅

(a)

(b)

图 2-26　里弄
(a) 上海里弄，现为田子坊文化园；(b) 上海新格里弄改造鸟瞰图

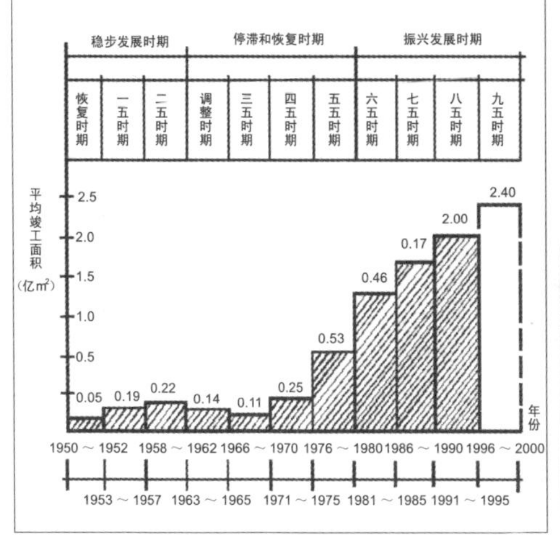

图 2-27　现代时期我国居住区建设概况

知识补充

商业临街建筑也称为“市楼”，是楼房形式的店铺，即上层是住宅，下层是店铺的房屋。

“下铺上居”式的住宅商业复合建筑是典型模式之一。

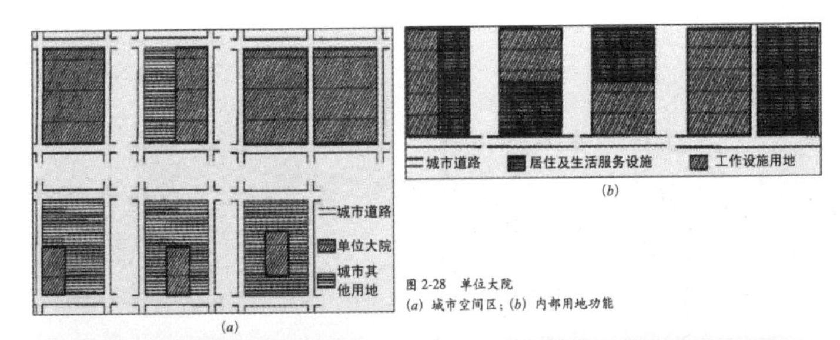

(a) (b)

图 2-28　单位大院
(a) 城市空间区；(b) 内部用地功能

知识补充

"单位大院"的空间特征：
①空间封闭性。各个单元之间空间相互割裂、独立，致使城市空间碎片化；
②空间的归属性。内部居民同职业，彼此交往频繁、密切。

(a)

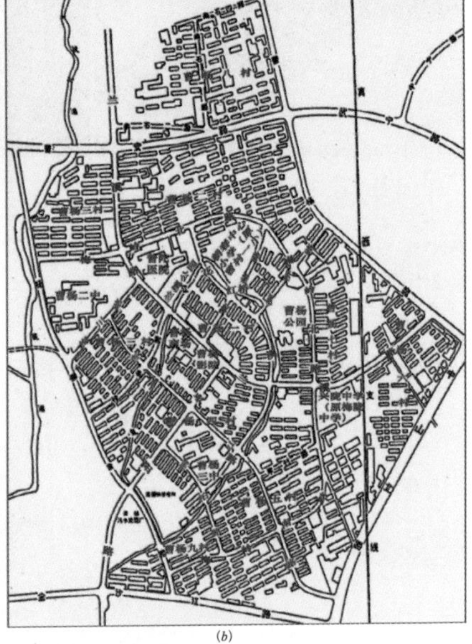

(b)

图 2-29　上海曹杨新村
(a) 局部景观图；(b) 总平面图

案例分析

曹杨新村始建于 1951 年，是新中国成立后全中国兴建的第一个人民新村，占地 $2.14km^2$，3.2 万余户，总面积 200 余万 m^2。

知识补充

20 世纪 50 年代建设的北京百万庄小区（图 2-30）属于当时的典范，具有一定的影响力。但由于此模式存在日照通风死角、过于形式化、不利于利用地形等原因，在此后的住区实践中较少采用。

(a)

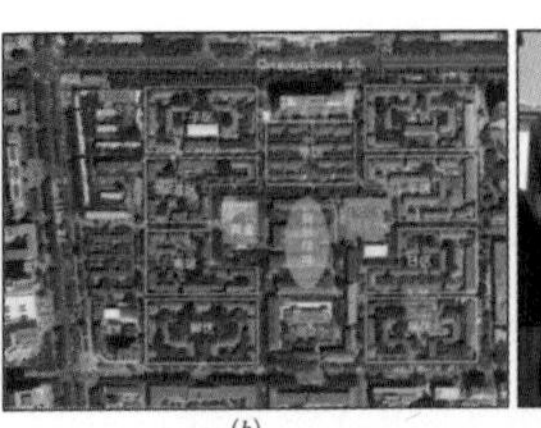

(b)

(c)

图 2-30　北京百万庄
(a) 小区绿化景观；(b) 小区组团单元示意图；(c) 小区庭院景观

② 1979 ～ 1998 年间居住区规划的改革实践；

③ 1999 ～ 2010 年间的市场化成熟期。

1. 现代住区规划理论引入与早期实践（1949 ～ 1978 年）

（1）单位大院

1949 年以来，公有住房逐步形成我国城市住区的主体。城市住区规划深受"社会主义城市为劳动人民、为生产服务"的建设方针影响，呈现均衡分布和统一供给的基本特征。以前的住区空间分化逐渐缩小，形成以行政控制为主导，以"单位大院"为特征并作为居住类型的空间结构形态（图 2-28）。

（2）邻里单位理论在我国的实践

亟待解决城市住房短缺和居住环境恶化等问题，曾借鉴西方邻里单位手段来建设住区。如 20 世纪 50 年代初期的上海曹杨新村为住区规划和建设开创了新局面。由于封建"大家庭"的解体，居住空间在组团划分、公共服务配套设施、节约土地等方面都反映出具有本土化特征（图 2-29）。

（3）扩大街坊理论的引入

在邻里单位被广泛采用的同时，苏联提出了扩大街坊的规划原则，即一个扩大街坊中包括多个居住街坊，扩大街坊的周边是城市交通，保证居住区内部的安静安全，只是在住宅的布局上更强调周边式布置。1953 年全国掀起了向苏联学习的高潮，随着援华工业项目的引进，也带来了以"街坊"为主体的工人生活区（图 2-30）。

（4）居住小区理论的引入

在计划经济条件下，住区按照小区模式统一规划建设，全国各地建成了大量的居住小区，代表性小区有北京夕照寺小区、龙潭小区、和平里小区、上海彭浦新村、番瓜弄（图 2-31）及广州滨江新村等。经过不断努力，在我国形成“居住小区—住宅组团”两级结构的模式，有的小区在节约用地、提高环境质量、保持地方特色等方面做了有益的探索，使居住小区初步具有了中国特色。

2. 住房制度改革推进期的住区规划体现时代进步（1979 ～ 1998 年）

（1）建设规模的扩大与居住区体系理论的发展

在 20 世纪 70 年代后期为适应住宅建设规模迅速扩大的需求，“统一规划、统一设计、统一建设、统一管理”成为主要建设模式，住区规模有大型化倾向，扩充到居住区一级，在规划理论上形成“居住区—居住小区—住宅组团”的规划空间结构（图 2-32）。

（2）试点小区推动住区品质的整体提升

进入 20 世纪 80 年代以后，住区规划普遍注意以下方面：一是根据居住区规模和所处地段，合理配置公共建筑以满足居民生活需要；二是注意组群形态的多样化；三是注重居住环境建设，宅间绿地和集中绿地的做法受到普遍欢迎（图 2-33）。

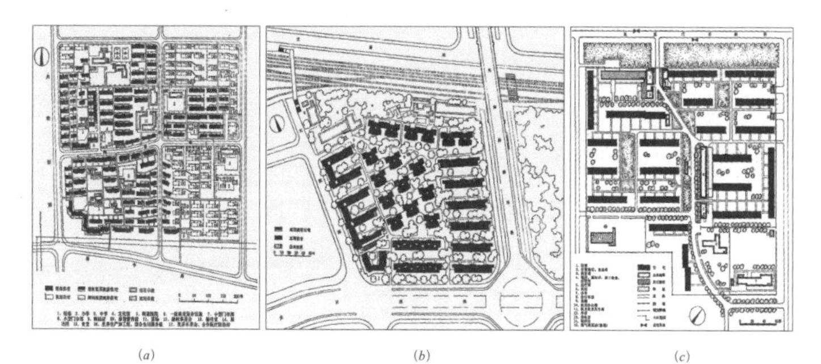

(a) (b) (c)

图 2-31　小区理论引导下住区实践

(a) 上海彭浦新村总平面图；(b) 上海番瓜弄总平面图；(c) 北京市新源里总平面图

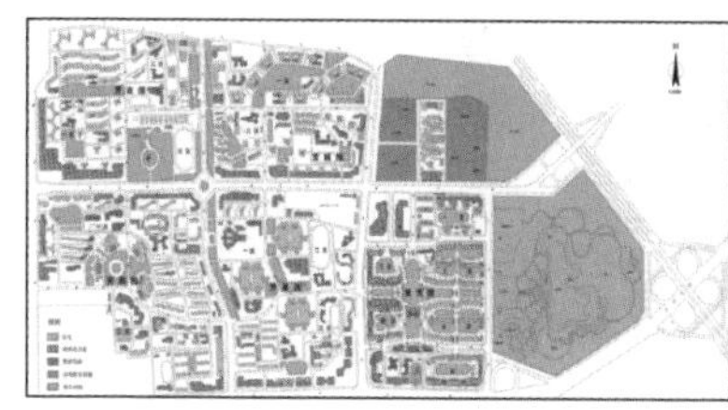

(a)

(b)

图 2-32　北京方庄居住区

(a) 方庄总平面图；(b) 方庄鸟瞰图

知识补充

居住区级用地一般有数十公顷，有较完善的公建配套，如影剧院、百货商店、综合商场、医院等。居住区对城市有相对的独立性，居民的一般生活要求均能在居住区内解决，北京方庄居住区就是 20 世纪 80 年代典型的代表（图 2-32）。

(a)

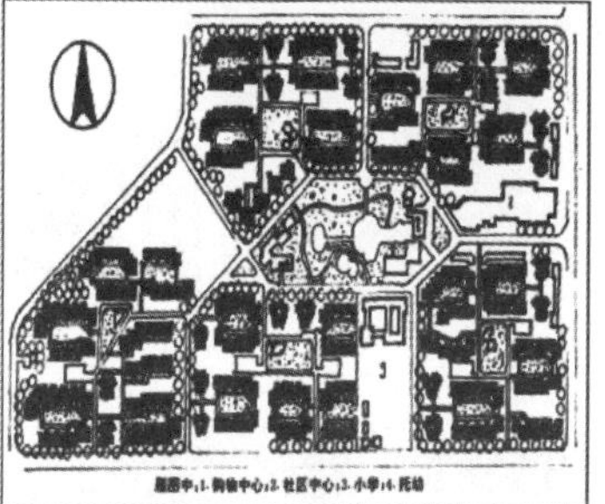

(b)

(c)

知识补充

1986 年始，在全国各地开展的“全国住宅建设试点小区工程”，强调延续城市文脉、保护生态环境、设置安全防卫、建立完整的配套服务系统、塑造宜人景观等方面的要求。无锡沁园新村（图 2-33）、青岛四方住区等一批试点工程的建成产生了很大的示范作用。

图 2-33　20 世纪 80 年代小区实践

(a) 无锡沁园新村居住区；(b) 青岛四方住区；(c) 青岛四方住区

(a)

(b)

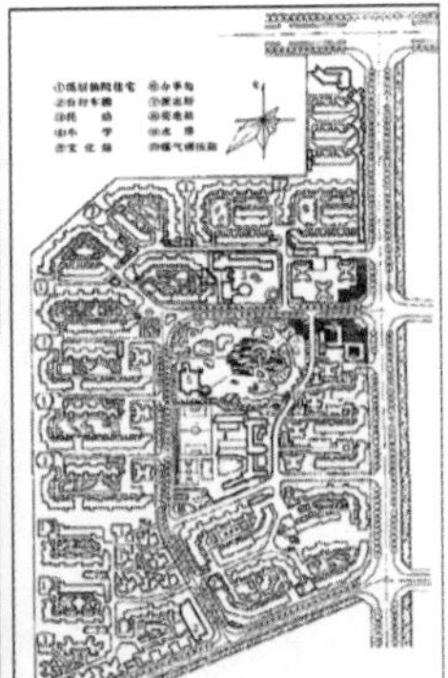

(c)

知识补充

作为国家第二批试点小区，昆明春苑小区于1993年建成，建筑面积19.22万m^2，2926户，含5个组团，每个组团有3～5个邻里院落，以长方形、三角形、自由式等布置。空间系列明确（公共—半公共—半私有—私有）并与中心绿地、院落绿地密切结合。

图2-34　昆明春苑小区
(a) 小区内部连廊；(b) 小区内部景致；(c) 小区总平面图

(a)

(b)

(c)

图2-35　北京回龙观居住区
(a) 住区总平面图；(b) 住区中心文化公园；(c) 住区局部鸟瞰图

知识补充

郊区化过程经历了交通基础设施、公共服务设施、就业岗位相对滞后所带来的尴尬，一些新建住区面积过大，功能单一，而成为"卧城"。不仅生活配套缺乏，降低了居住生活的方便性和舒适度，而且每日早晚在市郊和市中心区之间形成钟摆式交通，加剧了交通拥堵。

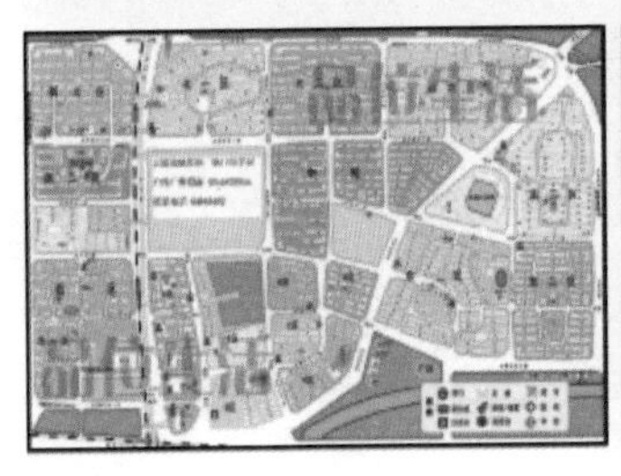

(a)

(b)

图2-36　北京天通苑住区
(a) 总平面图；(b) 局部鸟瞰图

（3）小康住宅试点确立了更高的住区标准

1990年的"中国城市小康住宅研究"和"2000年小康住宅科技产业工程"使住宅建设水平跨入现代住宅阶段，此阶段的特点是：①打破小区固式化规划理念；②"以人为核心"；③坚持可持续发展原则；④"社区"建设为重点（图2-34）。

3. 市场化成熟期的住区规划呈现多样性特征（1999～2010）

（1）住区选址向城郊扩展

随着房地产开发和旧城改造的推进，旧城区可用的土地越来越稀缺，且土地价格和拆迁成本迅速攀升。从20世纪90年代中后期开始，城市住区实践大规模向郊区拓展，许多大中城市划出大片郊区土地建造各类住房，如北京回龙观居住区（图2-35）、上海春申城及江湾城等。

（2）楼盘规模趋向于大盘化

开发建设项目大盘化所具有的规模效应、配套水平、土地增值以及比较容易形成品牌等优势，使近年来越来越多的开发企业趋向于开发大型楼盘。

由于大规模住区缺乏与城市协调、融合的开发理念，而采用小区的规划手法来规划设计大盘，使本应分片规划的住区形成一个独立王国，其间拒绝一切城市道路穿过，既增加了居民出入住区的步行距离，又使城市路网变得过于稀疏，割裂了城市空间（图2-36）。

（3）居住环境质量成为规划重点

随着生活质量的不断提高，居民对居住环境越加重视，住区的规划设计也围绕环境做文章，表现出以下做法：

①环境均好性。住区规划已不再满足于传统中心绿地——组团绿地的模式，强调每户外部环境品质，将环境塑造的重点转向宅间，强调环境资源的均享（图2-37）；

②弱化组团，强调整体环境；

③精心处理空间尺度与景观细节。

（4）依靠科技，保护生态

为了创造良好的人居环境，人们开始关注环境健康性和对自然生态的保护。住区在规划初期就注意保护和利用原有生态资源，如自然地形、地貌和原生树木等，并在建设中加大植物种植的覆盖面积，精心配置植物品种，提高住区的生态性和景观性（图 2-38）。

（5）更加强调居住文化

越来越多的新建住区重视居住文化的塑造，形成百花齐放的局面。有的住区通过建筑、环境设计，塑造特定生活场景，例如欧式小镇、中式园林等（图 2-39）；有的通过现代简约的规划设计手法，表现出新颖时尚的居住文化；有的通过开放式规划手法，使住区空间与城市空间相渗透，塑造繁华街区生活。

2.4　中西对比

西方对中国的影响（表 2-9）：

（1）第一次影响。1840 年至新中国成立期间西方对我国的影响；

（2）第二次影响。第一个五年计划时期苏联对我国的影响：均衡生产布局论和住区分级观念；

（3）第三次影响。1980 年至 20 世纪 90 年代西方规划思想诸如 TOD 理论、社区思想等的涌入。

西方规划思想对我国的影响　　表2-9

时期	时段	中国典型住区模式	西方住区思想
古代		里坊；胡同；合院；院落	
近代	1850～1930	里弄式住区 殖民公寓及别墅	英国排屋等文化
现代	1950～1970	工人新村 扩大街坊 “居住区—居住小区—组团”模式	苏联“扩大街坊” 美国邻里单位 雷得朋系统
		综合居住区	
	1980	综合居住区	
	1990	淡化组团的小康住宅 多元化、个性化	新城市主义、可持续思想、 美国社区建设
	2000至今		
未来		需要诸位设计人才共同书写	

(a)　　(b)

图 2-37　北京顺驰林溪住区

(a) 住区一期内部景观；(b) 小区中组团中心绿地景观

(a)

(b)

图 2-38　成都新里派克公馆住区

(a) 小区中的多层次绿化；(b) 小区中水景与建筑的融合

知识补充

在住区环境设计方面，紧密结合居民的生活需要，提供丰富多样的活动场地与设施，例如增加生态步行系统、贯穿小区的步行系统和小型的运动场地的建设，以满足居民生活的需求。

(a)

(b)

图 2-39　新中式住区

(a) 北京观唐总图；(b) 上海九间堂

第三章　物质空间的秩序

教学要求：

本章主要介绍住区的结构与形态，并探讨不同规划结构形成不同的居住基本单元，同时还介绍了不同居住基本单元组合叠加时的常用方法。

问题导航			
分节	核心问题	知识要点	权重
3.1　规模与指标	住区的数理关系是什么？	住区规模与人口	15%
3.2　住宅单体	在住区空间系统中各指标控制的侧重点是什么？	规划密度、容积率	15%
3.3　基本单元	住宅建筑与光、风、声的关系如何？	日照间距	20%
3.4　结构与层级	不同结构、层级构成的住区的差异性有哪些？	小区、组群和组团	25%
3.5　群落秩序	不同类型的群体空间秩序的特征有哪些？	轴线、自由布局	25%

3.1 规模与指标

3.1.1 空间规模

1. 空间组成

依据所在地区性质的不同，可将住区划分为内部居住空间和外部居住空间（表 3-1）。

2. 空间类型

根据所在位置、住宅层数、居住人口和现状环境不同，住区可以划分成不同类型（图 3-1，表 3-2）。

3.1.2 用地分类

住区用地范围是指被自然界线、城市道路界线或人为划定界线所围合的建设地块。其用地包含：住宅建设用地、公共建筑及附属设施建设用地、道路广场用地、绿化用地、其他一些与居住区相关的用地，详见表 3-3。

3.1.3 数理认知

1. 住宅建筑认知

住区的住宅建筑直观反映了聚居规模，不同层数的住宅拥有不同的宽度（进深）和长度（开间），组合能够形成不同尺度的群体建筑空间，常见的住宅建筑分为 5 类（表 3-4）。

居住空间组分及内容　表3-1

组分	内容
内部居住空间	住宅建筑各类功能房间及公共走道、楼梯等
	住宅内部装修与陈设
	住宅内部声、光、热及通风状况
外部居住空间	住宅建筑
	公共建筑：中小学、幼托、商店、银行及邮局等
	市政公共设施：住区内外道路、各类工程管线等
	景观网络及绿化种植
	庭院和场地：住户共用的室外庭院、生活杂物院、儿童游戏、成年人及老年人活动场地等
	室外环境小品：路灯、桌椅、水池及雕塑等
	住区气候环境：空气污染程度、住区内气温、日照、防晒、通风等状况
	住区内治安状况、邻里关系及文化氛围等

居住区类型及基本要求　表3-2

类型	基本要求
新建型	易于按照合理的要求进行规划
改建型	在现状基础上进行规划，任务比较复杂
集中型	规则地划分成小区或街坊
分散组团型	由组团或邻里单位较自由的组合
高层高密度	住宅层数在15～20层以上，人口密度在每公顷2000人以上
低层低密度	一般住宅层数为1～2层，人口密度在每公顷200人以下

(a)

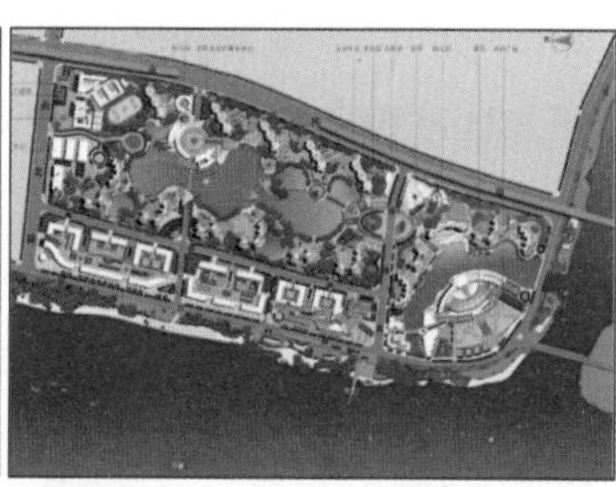

(b)

图 3-1　不同类型的住区

(a) 低层低密度住区——天津顺驰·半岛蓝；(b) 高层低密度住区——南京世茂外滩

居住区用地（R）类别及内容　表3-3

类别	内容
住宅建设用地（R01）	住宅建设用地是指住宅基底和住宅前后左右必要的安全、卫生防护用地，住宅前后用地以日照间距的一半来计算，住宅左右用地以消防通道的安全要求来计算。宅间通道、住宅底层住户的私用小院、宅间地和活动场地均包含在住宅建设用地内
公共服务设施用地（R02）	公共服务设施用地指居住区的公共建筑及附属设施用地。对于用地界线明确的设施，如小学校、托儿所、幼儿园等以本设施使用范围内的用地来统计；对于用地界线不明确的设施，如社区中心、商业服务设施、管理设施、自行车棚等，用地包括建筑基底面积、附设的停车场面积、建筑出入口广场面积、绿化面积、安置室外设施的面积
道路广场用地（R03）	道路广场用地指居住区内，宅间道路以上，城市道路以下的车行和人行道路界线内的用地，为组织交通和疏散人流而设置的广场用地，为本居住区居民服务的不在其他设施内的停车场用地
绿化用地（R03）	住区公共中心绿地、组团绿地、邻里生活院落绿地及面积大于400m²的绿地
其他用地	住区内不包含在上述用地中的其他类用地，如市政设施用地等

注：城市级商业服务设施、社会停车场、城市绿地、综合办公楼、规模较大的、主要就业人员不是本住区居民的工厂、综合批发市场等用地不属于住区用地。

不同规模的居住建筑基本要求　表3-4

类别	划分标准	开间	进深	电梯	疏散楼梯
低层	1～3层	依据户型要求具体确定		无要求	普通楼梯间
多层	4～6层	20.0～26.0m	11.0～14.0m	无要求	普通楼梯间
中高层	7～9层			一个电梯	普通楼梯间
高层	10～11层			一个电梯	普通楼梯间
	12～18层			两个电梯	封闭楼梯间
	18层～100m以下			两个电梯或以上	两电梯或剪刀梯
超高层	100m以上				
估算平均层数	①总建筑面积÷建筑基底总面积； ②容积率÷覆盖率（FAR/D）				

注：以上主要尺寸是以一梯两户板式住宅中一个单元为标准，建筑面积约为 120m²/ 户。

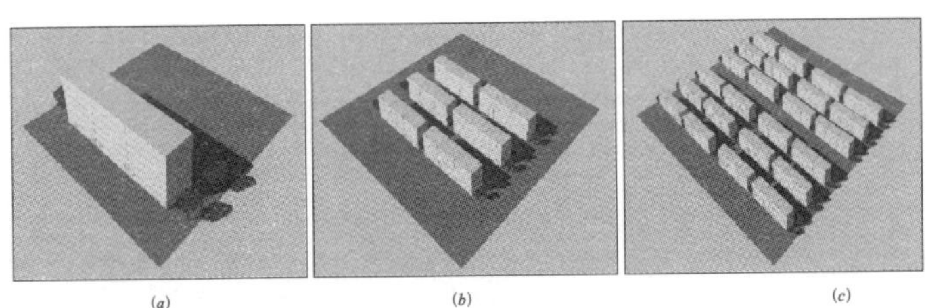

(a)　(b)　(c)

图 3-2　不同规模住宅建筑

(a) 1 栋建筑与基地；(b) 6 栋建筑与基地；(c) 24 栋建筑与基地

不同规模的居住建筑与空间　表3-5

类别	建筑面积（m²）	套数	可供居住的人数（以3.5人/户为标准）
1栋建筑	1500	12	42
6栋建筑	9000	72	252
24栋建筑	36000	288	1008

(a)　(b)　(c)

图 3-3　不同排列模式的住宅

(a) 模式 1；(b) 模式 2；(c) 模式 3

不同建筑层数构成的住区　表3-6

类别	建筑面积（m²）	建筑数量	基地面积（以100m×100m为标准）
1栋房子	10000	1	相同
6栋房子	10000	6	相同
24栋房子	10000	24	相同

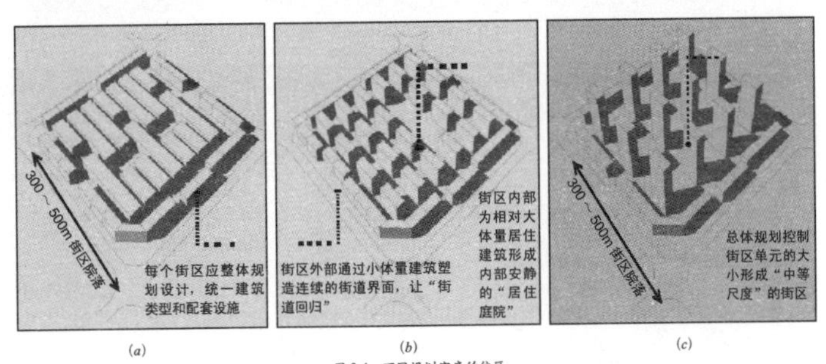

(a)　(b)　(c)

图 3-4　不同规划密度的住区

(a) 低层居住建筑标准单元规划密度小；(b) 多层居住建筑标准单元规划密度居中；(c) 高层居住建筑标准单元规划密度较大

2. 住宅数量的堆叠

随着住宅建筑数量的增加住区的规模逐步增大。现以 1 栋 6 层住宅为标准建筑（含 3 个单元，每个单元尺寸为 13m×20m，层高为 3m），我们可以类比 3 种不同数量的住区：a 模式：1 栋住宅建筑；b 模式：6 栋住宅建筑，住宅间距按照 1∶1.2 控制；c 模式：24 栋住宅建筑，图 3-2 显示的不同数量住宅形成不同规模的住区，各模式差异见表 3-5。

3. 住宅层数的递减

住区规模不仅与住宅建筑的数量成正比，同时也与住宅的高度（层数）具有密切关系。现以建筑面积 10000m^2 为标准，我们可以类比 3 种不同高度（层数）住宅的排列模式，可以形成不同的住区空间效果（图 3-3，表 3-6）。由上可知，住宅高度和数量的不同组合，会形成不同规划密度的住区。

3.1.4　规划密度

我们可以用规划密度来理解不同住区实体空间的差异，这一概念并没有把居民行为特征和文化审美等要素牵扯进来，规划密度的含义并非与现行规范所规定的建筑密度完全一致。规划密度大的住区拥有较多数量的住宅建筑，使用较多公共服务设施，同时需要更多道路面积和绿化景观；反之，规划密度小的住区需要的数量就会少，但是公共设施类别与前者差异不大，总之，不同规划密度的住区直接承载不同数量的居民。在此，我们可以类比不同规模密度下的住区（图 3-4）。

3.1.5　核心指标

依据前文分析，住区的规划密度存在容积率和建筑密度两个核心指标。

1. 容积率

容积率是指建筑物地面以上各层面积的总和与建筑基地面积的比值，通常是一个小于 10 的数字。在规划指标文件中通常也表示为“每公顷多少 m^2”。例如：每公顷 2 万 m^2，即容积率为 $20000m^2/10000m^2=2.0$。住区的容积率直接体现居住建筑的总规模（不同类型住宅建筑构成的住区常见容积率控制值，如表 3-7 所示），是影响总体环境品质和投资回报率的重要指标。

2. 建筑密度

建筑密度指建筑物覆盖率，是住区用地内所有建筑基底总面积与规划建设用地面积之比，通常用“%”表示。建筑密度是直接影响建筑物间距、高度的重要指标。建筑密度反映出用地范围内空地率和建筑密集程度。对于开发商来说，容积率决定地价成本在房屋中的比例，而对于住户来说，容积率直接涉及居住舒适度。依据住区实践经验，不同类别住区的建筑密度常见数值（表 3-8）。

3.1.6 其他指标

住区规划中还有一些必需的控制指标，包括房型、户型比、住宅平均层数、总人口及总户数等，它们各自反映了住区的不同特征（表 3-9）。

不同类型住区的容积率控制值 表3-7

类别	容积率	类别	容积率
独立别墅	0.3～0.4	小高层住宅	1.8～2.2
低层住宅	0.7～0.9	高层住宅	2.0～3.0
多层住宅	1.0～1.8	高层商住建筑	2.5～4.0

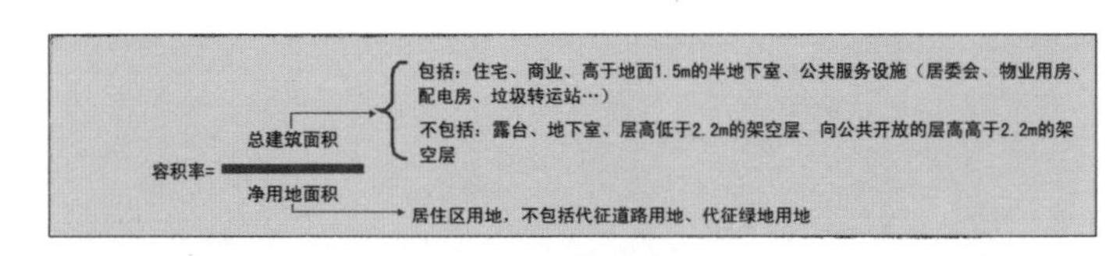

不同类型住区的建筑密度控制值 表3-8

类别	建筑密度	类别	建筑密度
独立别墅	小于20%	小高层住宅	小于30%
低层住宅	小于30%	高层住宅	小于25%
多层住宅	小于30%	高层商住建筑	小于25%

注：1. 居住建筑小于商办建筑；密度与建筑高度成反比；
2. 密度与用地规模成反比；
3. 板式高层住宅合理密度一般在 15% ～ 20% 之间；
4. 居住建筑混合密度一般在 25% ～ 30% 之间。

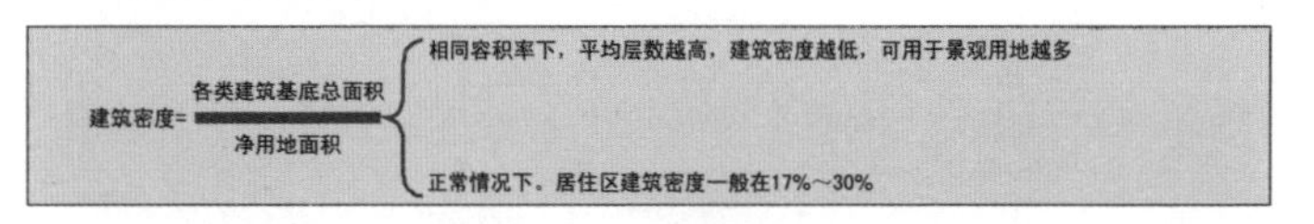

住区规划中其他指标 表3-9

指标	内容	特征
房型	指面积大小不等、基本平面功能分区各异的单元住宅系列，一般单元住宅总面积大小和基本平面功能分区主要与人们的经济承受能力相关，习惯上按卧室、厅和卫生间的数量划分	居住品质的标准之一
户型比	指各种户型在总户数中所占百分比，反映到住宅设计上，就是体现在一定数量住宅建筑中，各种不同套型住宅占住宅总套数的比重，如一栋住宅楼中，小套（一室户）占25%，中套（二室户）占47%，大套（三室四室户）占28%	依据居民不同需求而设计
住宅平均层数	住宅总建筑面积与住宅基底总面积的比值（单位：层）	在人口容量方面对生活环境的影响
住宅套密度（毛）	每公顷居住区用地上拥有的住宅建筑套数（套/hm^2）	
住宅套密度（净）	每公顷住宅用地上拥有的住宅建筑套数（套/hm^2）	

注：户型比也称作户室比。

知识补充

人口指标还包括人口密度、人均住区用地面积等。人口密度是指每公顷住宅区用地上居住有多少居民（单位：人 /hm^2）；人均住区用地面积则指住区内每个居民占用了多少住宅用地（单位：m^2/ 人），两者分别从人口和用地角度反映人居环境质量。

3.2 住宅单体

3.2.1 定位

1. 住宅间距

出于建筑个体独立性的需要，住宅建筑之间需要留有一定的距离，住宅间距是指两栋建筑物外墙之间的水平距离。住宅间距分为正面间距和侧面间距两大类，如表 3-10 所示。

当然人的行为特征和审美需求也会对住宅间距产生重要影响。从物理层面分析，适当的住宅间距不仅能够使每一户居民获得基本的日照时间，同时，也保证了住宅户外场地有良好的光照条件，如住区中必备的儿童、老人活动场地和各类公共绿地，当然也包括由于干扰引起的私密性问题。由于我国地域辽阔，不同地区对住区中住宅间距的基本控制要求并不相同。

2. 住宅阴影

不同形体的住宅在自然光照环境下具有不同的阴影特征，并且这些阴影均会产生终年阴影区（图 3-5）。终年阴影区与住宅建筑的外形有直接关系，简单形体住宅外轮廓变化小，终年阴影较少；而复杂形体或是围合式形体的住宅会形成较大范围的阴影。另外，即使同样形体的住宅，如改变其布置形式，阴影区也会发生显著变化。

3. 住宅朝向

接前文，住宅建筑能否获得良好的日照条件，在无遮挡的情况下，主要取决于建筑物的位置即建筑朝向。朝向是指采光面最大的地方，在城市住区中一般主阳台所在的面是住宅建筑最大的采光面，住宅不同朝向及特点（表 3-11）。

住宅间距类别与内容 表3-10

高度类别	正面间距	侧面间距	
		无侧窗	有侧窗
低、多层和高度不大于24m的中高层住宅	不得小于规定的日照间距（见后文）	≥6m	≥8m
高度大于24m的中高层和高层住宅	经日照分析确定其南侧间距，依据北侧住宅高度分类确定北侧间距（见后文）	≥13m	

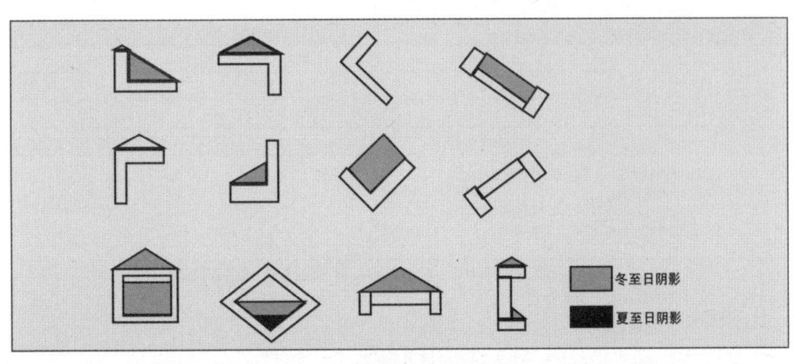

图 3-5 不同形体的建筑阴影分布规律

住宅不同朝向及特点 表3-11

类别	特点
南北朝向	南向房间在冬季太阳高度角较低，阳光射入室内较深，接受太阳辐射热及紫外线都较多；夏季由于太阳高度角较高，室内接受太阳辐射热极少，低纬度地区，夏季阳光还照射不到室内。这个朝向，易于做到冬暖夏凉的要求
东西朝向	东向及西向房间，分别在午前和午后得到相同的日照时间，在房间使用要求相同时，多采用这种建筑布置形式
西向	在南方炎热地区，夏季西晒会造成室内温度过高，是不宜采用的朝向。只有在北方各地区，夏季西晒不严重时，可采用这种朝向
东南、西北朝向	这种朝向的最大优点是建筑物与外墙全年均能得到直射阳光，场地没有终日及永久阴影区，在一年中建筑物四周有较均等的阴影分布
西南、东北朝向	这种朝向的优点与东南向相同，缺点是西南向墙面接受太阳辐射热量较其他朝向为多，在南方炎热地区，不宜采用这种朝向。但在北方各地区，夏季西晒不严重，如果冬季居室不迎主导风向时，是较好的朝向

我国主要城市的住宅朝向 表3-12

地区	最佳朝向	适宜朝向	不宜朝向
北京地区	南偏东30° 以内；南偏西30° 以内	南偏东45° ；南偏西45°	北偏西 30° ～ 60°
上海地区	南至南偏东15°	南偏东30° ；南偏西15°	北、西北
哈尔滨地区	南偏东15° ～ 20°	南至南偏东15° ；南至南偏西15°	西、西北、北
南京地区	南偏东15°	南偏东25° ；南偏西10°	西、北
武汉地区	南偏西15°	南偏东15°	西、西北
长沙地区	南偏东9° 左右	南	西、西北
广州地区	南偏东9° ；南偏西5°	南偏东22° 30′ ；南偏西5° 至西	
南宁地区	南、南偏东15°	南、南偏东15° ～ 25° ；南偏西5°	东、西

4. 主要城市常用住宅朝向

我国幅员辽阔，不同地理位置的城市具有不同的日照条件和气候特征。因此，为获取最适合的太阳光照（有些地区需要最大的日照时长，有些地区则需要避免过多日照），不同城市的住宅建筑需要采用不同的朝向以适应当地地域特征。我国主要城市中常见的住宅朝向（表 3-12）所示。

3.2.2　与太阳的关系

1. 日照间距

住区规划中要使住宅建筑内有充足的日照，保证住宅及绿化地带都有直射阳光。设计人员就必须掌握和运用当地的日照资料，根据日照标准合理确定日照间距（图 3-6）。

2. 日照间距系数

根据日照标准确定的房屋间距与遮挡房屋檐高的比值，即 D/H。以日照时数为标准，将不同方位布置的住宅折算成不同的日照间距系数（图 3-7）。

日照间距计算方法：房屋长边向阳，朝阳向正南，正午太阳照到后排房屋底层窗台为依据来进行计算。 日照间距系数 $=D/H$，由此得日照间距应为：$D=(H-H_1)/\tan h$。

3. 规范解读

（1）日照间距影响因素包括：所处地理纬度及其气候特征和所处城市规模大小，因此，日照间距的标准一共设置 3 个档次（表 3-13）。

（2）日照间距的计算采用冬至日和大寒日两个标准，依据《城市居住区规划设计规范》，住宅建筑的日照标准如表 3-14 所示。

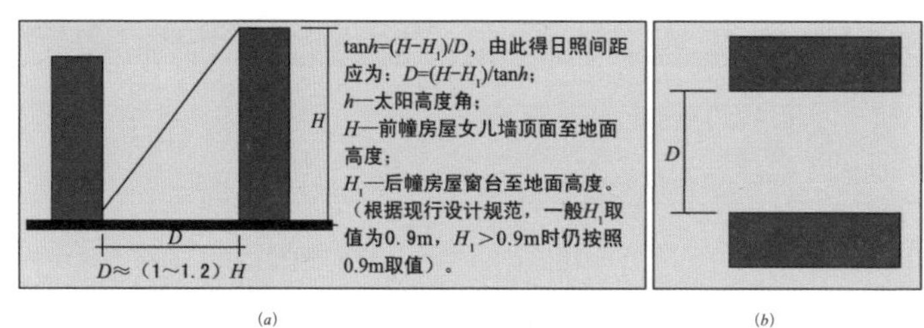

(a)　(b)

图 3-6　日照间距图示

(a) 剖面图；(b) 平面图图

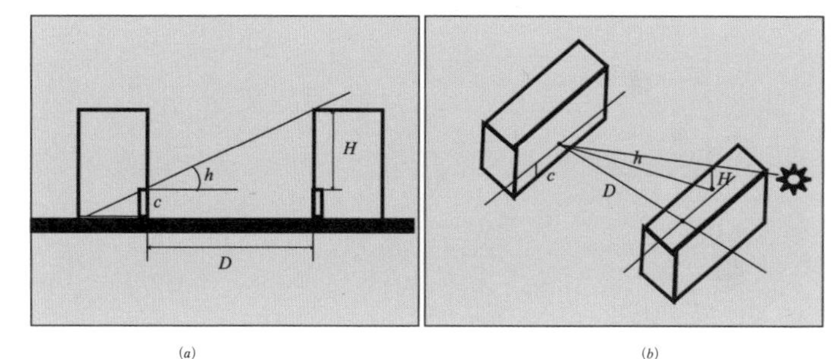

(a)　(b)

图 3-7　日照间距系数

(a) 日照间距系数的立面示意图；(b) 日照间距系数的体块示意图

建筑日照标准的不同　表3-13

档次划分	内容
第一档次	第Ⅰ、Ⅱ、Ⅲ、Ⅶ气候区的大城市不低于大寒日日照2h
第二档次	第Ⅰ、Ⅱ、Ⅲ、Ⅶ气候区区中小城市和第Ⅳ气候区大城市不低于大寒日日照3h
第三档次	第Ⅳ气候区中小城市和第Ⅴ、Ⅳ气候区各级城市不低于冬至日日照1h

住宅建筑日照标准　表3-14

建筑气候区划	Ⅰ、Ⅱ、Ⅲ、Ⅶ气候区		Ⅳ气候区		Ⅴ、Ⅵ气候区
	大城市	中小城市	大城市	中小城市	
日照标准日	大寒日			冬至日	
日照时数（h）	≥2	≥3		≥1	
有效日照时间带（h）	8～16			9～15	
日照时间计算起点	底层窗台面（指距室内地坪0. 9m高的外墙位置）				

各个规范中的要点　　表3-15

规范	相关条款
《城市居住区规划设计规范》	1. 老年人居住建筑不应低于冬至日日照2h的标准； 2. 在原设计建筑外增加任何设施不应使相邻住宅原有日照标准降低； 3. 旧区改建项目内新建住宅日照标准可酌情降低，但不应低于大寒日日照1h
《住宅建筑规范》	1. 老年人住宅不应低于冬至日日照2h的标准； 2. 旧区改建项目标准同《城市居住区规划设计规范》； 3. 每套住宅至少应有一个居住空间能获得日照，当一套住宅中居住空间总数超过4个小时，其中宜有2个获得日照
《住宅设计规范》	1. 每套住宅至少应有一个居住空间能获得日照，当一套住宅中居住空间总数超过4个小时，其中宜有2个获得日照； 2. 获得日照要求的居住空间，其日照标准应符合现行国家标准《城市居住区规划设计规范》GB50180中关于住宅建筑日照标准的规定
《民用建筑设计通则》	1. 每套住宅至少应有一个居住空间获得日照，该日照标准应符合现行国家标准《城市居住区规划设计规范》GB50180-1993（2002年版）有关规定； 2. 宿舍半数以上的居室，应能获得同住宅居住空间相等的日照标准； 3. 托儿所、幼儿园的主要生活用房，应能获得冬至日不小于3h的日照标准； 4. 老年人住宅、残疾人住宅的卧室、起居室，医院、疗养院半数以上的病房和疗养室，中小学半数以上的教室应能获得冬至日不小于2h的日照标准

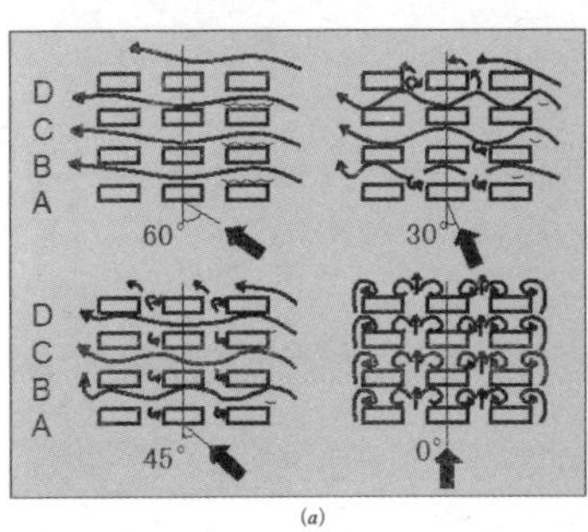

(a)

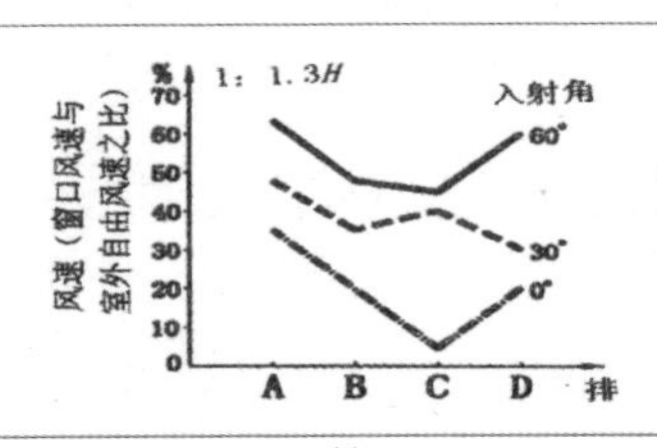

(b)

图 3-8　建筑与风力的关系图示
(a) 建筑群体在不同朝向的风力影响；(b) 建筑窗口的风速变化

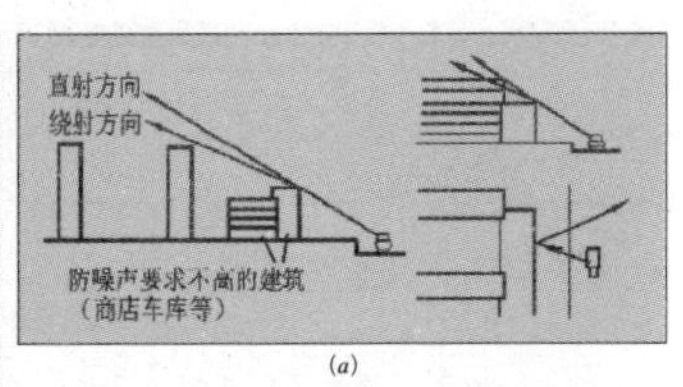

(a)

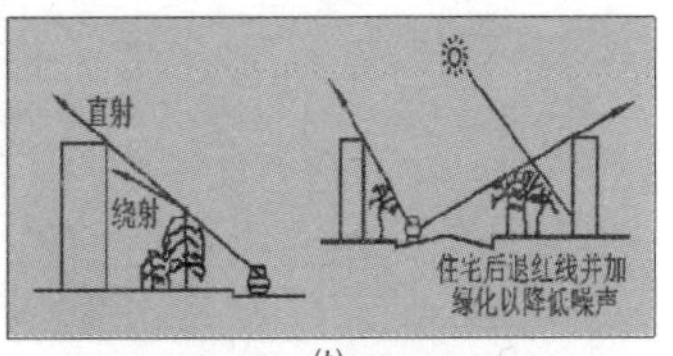

(b)

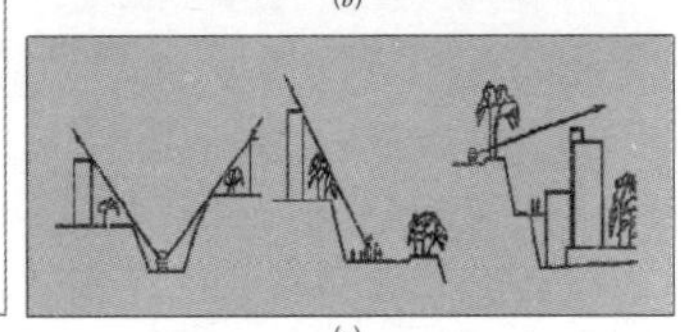

(c)

图 3-9　防治噪声的几种办法
(a) 通过道路组织防治噪声；(b) 利用绿化防治噪声；
(c) 利用地形防治噪声

4. 各个规范中要点

据《城市居住区规划设计规范》等规范中条款，住宅日照设计要点如表 3-15 所示。

3.2.3　与风的关系

住宅应该具有良好的自然通风，我国地处北温带，南北气候差异大，炎热地区夏季需要加强住宅的自然通风；潮湿地区良好的自然通风可以使空气干燥；寒冷地区则存在着冬季住宅防风、防寒的问题，因此掌握建筑与风环境之间的关系，恰当组织自然通风是为居民创造良好居住环境的措施之一（图 3-8）。

住宅建筑的长、宽、高以及相互之间的距离会影响住区的风环境，如表 3-16 所示。

3.2.4　与噪声的关系

噪声对人具有危害性，干扰人的生活和休息，影响住区生活的噪声包括：道路交通噪声；邻近工业区噪声；人群活动噪声。住宅群体噪声防治措施，主要包括（图 3-9）：

（1）道路组织。合理组织城市交通，明确各级道路分工，减少过境车辆穿越住区；

（2）绿化隔离。可充分利用绿化带等来削弱噪声传递；

（3）利用地形。利用地形高低起伏作为阻止噪声传播的天然屏障，特别是在工矿区和山地城市，在进行竖向规划时应充分利用天然或人工地形条件，隔绝噪声对住宅的影响。

不同类型住区风环境的影响因素　　表3-16

类别	影响因素
住宅单体	建筑高度、进深、长度、外形和迎风面
基本单元（街坊、组团）	住宅间距、排列组合方式及群体迎风面
住区整体	合理选址及道路、绿地和水面合理组合

3.3 基本单元

3.3.1 定义

住区是一个开放、复杂的系统。根据复杂系统的层级结构原理，按不同的分解标准，人居环境系统可以分解为不同序列的多级子系统，如一级子系统、二级子系统、三级子系统，一直到最基本的构成形态——“基本单元”（图 3-10）。

从规划角度分析，“基本单元”应该涵盖建筑、景观、设施及场地等基本要素，能够满足居民日常生活的基本需求，若干基本单元叠加组合形成住区（图 3-11）。

3.3.2 规模

作为住区空间生成的核心环节，“基本单元”对居住地内部的人际交流和居住地面向城市开放起着决定性作用。“基本单元”的规模往往受制于住区在城市中区位、规划密度指标等因素。在城市中“基本单元”的规模随时代不同而逐步扩大，设计者在进行设计时，应正确理解并选择不同类型的“基本单元”（表 3-17）。

3.3.3 开放性

不同时期“基本单元”与所在城市空间存在“融合—隔离—割裂—互动”的关系（表 3-18 和图 3-12）。“基本单元”一方面直接影响未来城市空间形态（允许城市支路和次干道穿越居住小区），另一方面，“单元空间”直接面对居民的日常活动。

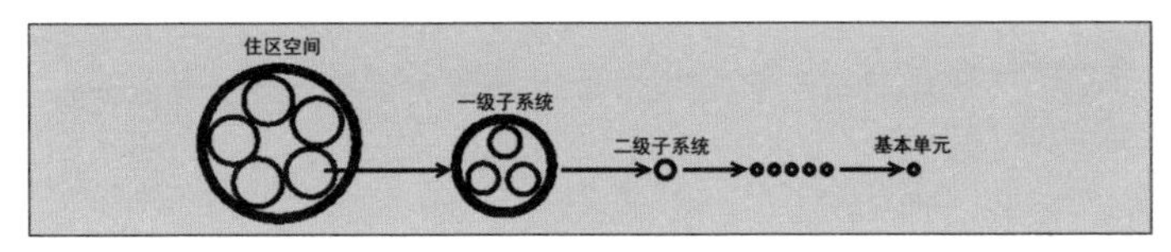

图 3-10 基本单元的层级关系

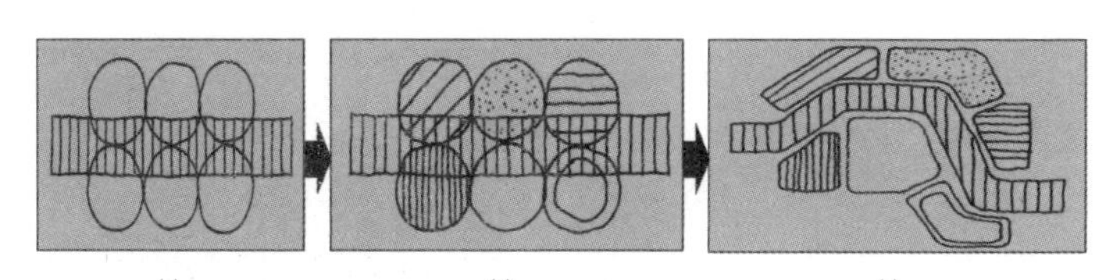

(a) (b) (c)

3-11 基本单元的形成、形变与秩序建构
(a) 基本单元分区；(b) 各基本单元形变；(c) 建立各基本单元间的秩序

不同时期的住区中基本单元 表3-17

时间	类别	城市、住区背景	容纳人口	规模
20世纪之前	住宅街坊	从属于道路划分为方格状的城市结构，后期发展为大规模的居住街坊	50～100户，计200～500人	2、3栋住宅建筑构成
1920年代	邻里单元	以城市干道所包围区域作为基本单位，居住区的安静、卫生和安全为重	800～1000户，计3000～5000人	以1所小学服务半径为标准
1950年代	居住街坊	源于苏联，由街道包围、面积比居住小区小的、供生活居住使用的地段	800～2000户，计2500～6000人	居民基本生活设施为半径
1980年代	组团	计划经济主导下的居住区与城市隔离，单一功能住区中的细胞单元	500～600户，计1000～3000人	若干住宅，设居民委员会管理

注：以街坊作为居住区的基本单元由来已久，在古代希腊、罗马和中国的城市中都曾存在过。苏联在 20 世纪四五十年代建造的居住区大量采用街坊的布置形式，这对中国 20 世纪 50 年代初期的居住区规划和建设有很大影响。

不同基本单元与城市空间的关系 表3-18

时间	类别	与城市空间的关系
20世纪之前	住宅街坊	面向城市开放，并与城市空间融为一体
1920年代	邻里单元	被城市道路隔离，与城市空间割裂
1950年代	居住街坊	面向城市开放，空间受限于城市街道网格
1980年代	组团	被城市道路隔离，与城市空间割裂，组团之间空间关系丰富

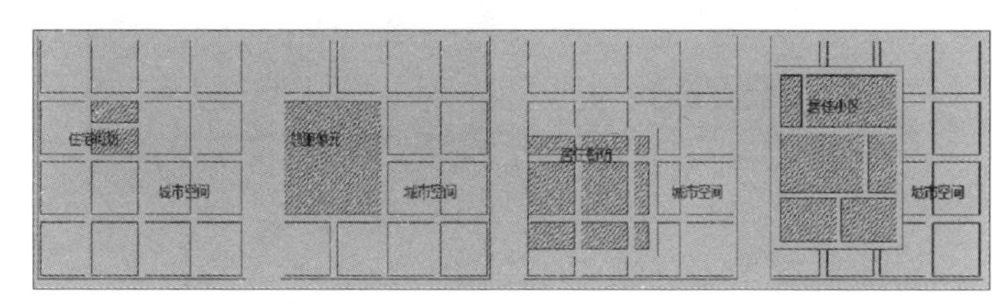

图 3-12 基本单元与城市空间的关系

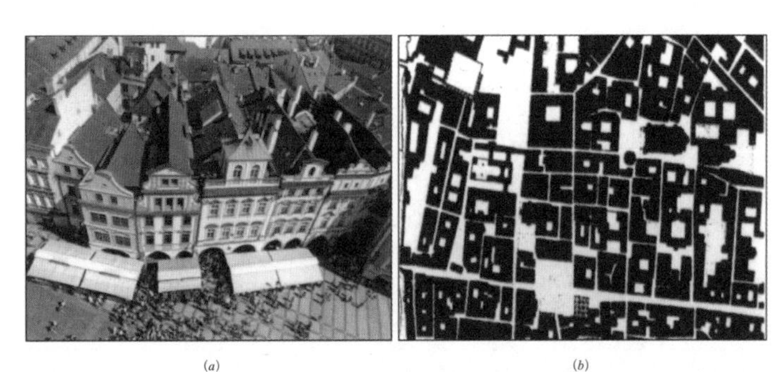

(a) (b)

图 3-13 传统建筑群体形态

(a) 传统聚落中的围合式建筑群体；(b) 传统聚落肌理

图 3-14 周边式基本单元简图

(a) (b)

图 3-15 成都万科·金色家园

(a) 鸟瞰图；(b) 院落低层架空

案例分析

万科·金色家园，占地 3.60 万 m^2，744 户，容积率 2.5，以小高层围合规划方式形成两个尺度相仿、景观共享、动静各异的内庭院，解决了户型和景观的均好性，见图 3-15。

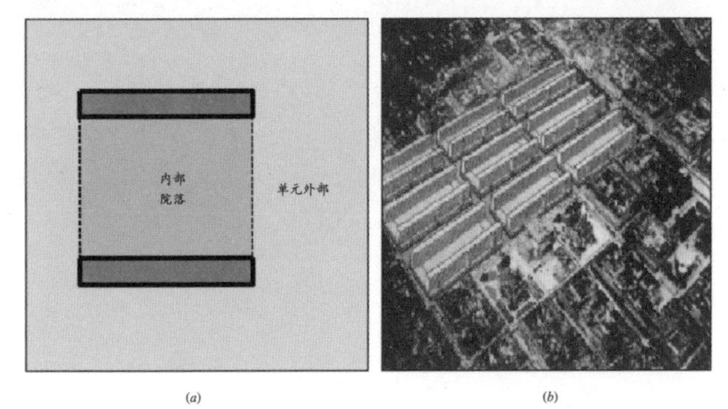

(a) (b)

图 3-16 行列式布置

(a) 行列式基本单元；(b) 德国的行列式住宅

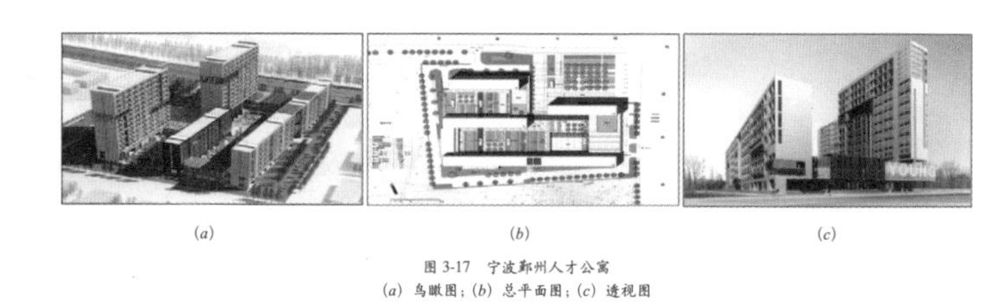

(a) (b) (c)

图 3-17 宁波鄞州人才公寓

(a) 鸟瞰图；(b) 总平面图；(c) 透视图

3.3.4 类型

历史上，住区中存在各种样式的基本单元，并赋予所在城市以印象深刻的空间片段（图 3-13，传统城市中自然生长秩序主导的住区单元），只要能够把握住不同单元的特征，经过设计者精心设计，能够使人们在不同基本单元中和谐共处。尽管基本单元的模式繁多，但还是有一些类型因为具有显著优势和特点而被广泛使用，具体类型包括周边式、行列式、点式等。

1. 周边式

这种单元类型在 1930 年之前被广泛应用，主要应用于西方的低层联立式住宅，内部是封闭的私家花园空间，外部是公共空间面向城市。而我国的情况是指建筑沿道路周边或以建筑群围合成封闭或半封闭内院空间的布置形式，院内安静、安全、方便、有利于布置室外活动场地、小块公共绿地和小型公建等交往场所，一般比较适合于寒冷多风沙地区，（图 3-14、图 3-15）。

2. 行列式

行列式单元是指住宅成联排式，按一定朝向和合理间距成行布置（图 3-16），形成线性或者规则式几何空间，并可以通过单元的错落变化来丰富空间形态（图 3-17）。

3. 点式

点式住宅布局自由和高效率在一段时间内受到欢迎。由点式住宅围合形成的单元，其内外空间流动性让人着迷，它们形成的多层次空间使得住区公共空间更加高效（图 3-18、图 3-19）。

4. 混合式

混合式是由前述板、点式单元类型组合而成，这种单元既保证了有较为安全私密的内部空间，又实现了单元与外部公共空间的有效关联，一度受到使用者欢迎（图 3-20，图 3-21）。

3.3.5　优化方法

在规划实际项目中，应灵活运用基本单元模式，同时要结合基地尺寸使得每一户住宅获取更多的日照时长，如此才能塑造出多样化的物质秩序。以下介绍几种方法能够让基本单元空间获取更好的日照环境。

1. 错列式代替行列式

为了提高建筑密度，改善最不利点日照，不改变日照间距，将前后两排住宅在面宽方向上错动一定距离，并适当加大山墙间距，为后排住宅提供更多的上、下午斜向方位角日照。错列式可采用平行错列式和交叉错列式两种布局方式（图 3-22）。

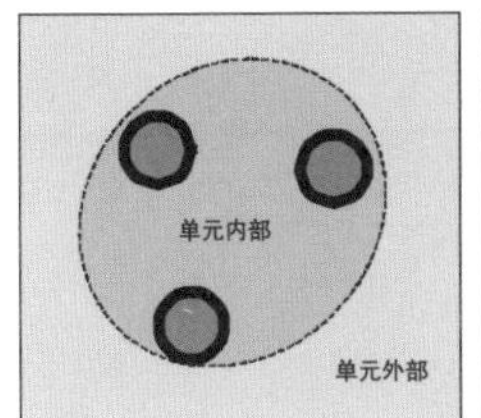

图 3-18　点式基本单元

(a)　(b)

图 3-19　上海中星美华村
(a) 透视图；(b) 宅旁绿地

知识补充

点式住宅建筑的发展优势巨大：①人们能获取更好的阳光和空气；②摆脱千篇一律的围合空间；③住宅侧面（指东西朝向）被解放出来，产生新造型；④更多的停车方式；⑤人们可围绕建筑尽情活动。

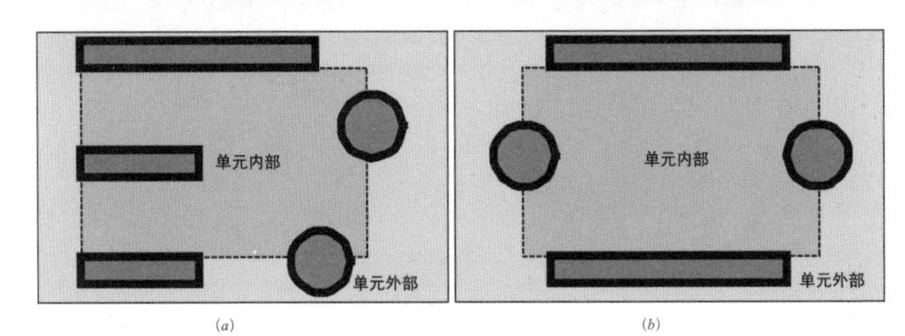

(a)　(b)

图 3-20　混合式基本单元
(a) 三板两点式；(b) 两板两点式

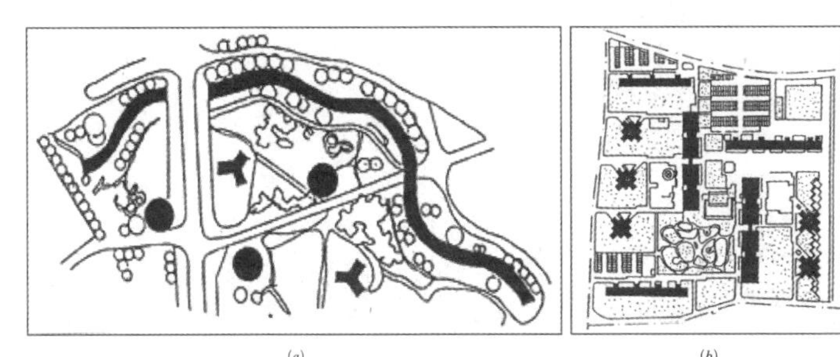

(a)　(b)

图 3-21　实际案例
(a) 法国博比恩小区总图；(b) 日本大阪住吉区住宅群

知识补充

板、点结合式基本单元的优势在于：①有利于各住宅建筑间的通风；②建筑围合的院落空间更加通透且富于变化；③能够让大部分住户从住宅内部观察到中心院落的各种情况（图 3-21）。

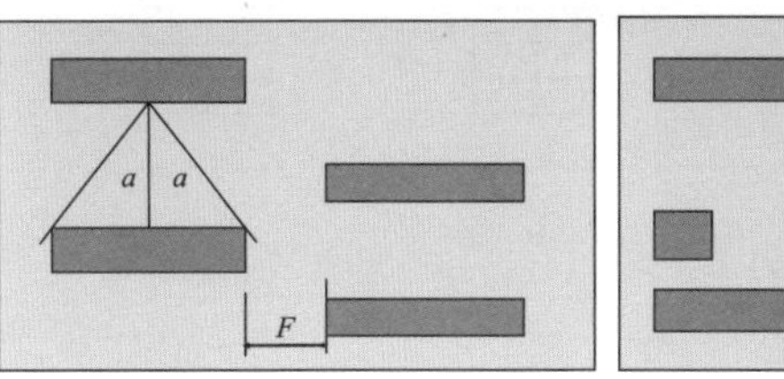

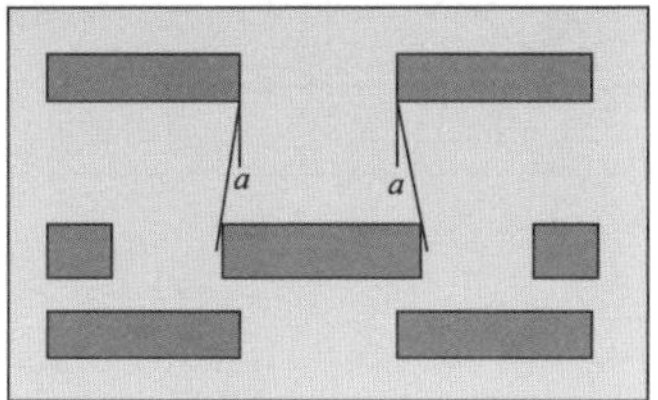

(a)　(b)

图 3-22　错位排列的住宅建筑
(a) 平行错列式；(b) 交叉错列式

2. 优化点式、条形布局

住区规划布局时，常常采用点式、条形住宅建筑组合布置的方式，可以将点式住宅建筑布置在前面、朝向好的南向位置，条形住宅建筑布置在后面、北向位置，以便利用建筑空隙空间争取更多的日照时间，从而缩短建筑日照间距。

点式和条形住宅建筑组合布局（图 3-23）。

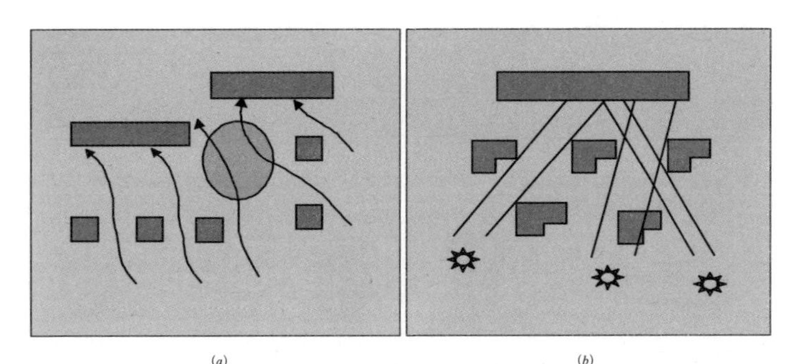

(*a*)　(*b*)

图 3-23　住宅布局优化方式示意图

(*a*) 点式、板式住宅结合布置，院落开口迎向主导风向；(*b*) 长、短板式住宅建筑结合布置，争取更多更好的阳光

3. 调整周边式布局

严寒地区住宅建筑群布置时，可通过利用东西向住宅围合成封闭或半封闭的周边式住宅方案，从而扩大南北向住宅间距，形成较大院落，对节地有利。南北向与东西向住宅围合的方案一般有 4 种（图 3-24），从争取室内日照、减少日照遮挡情况而言，方案 2、4 最好。

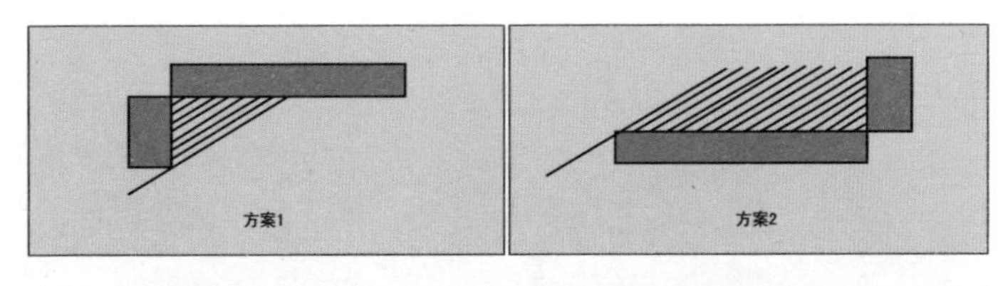

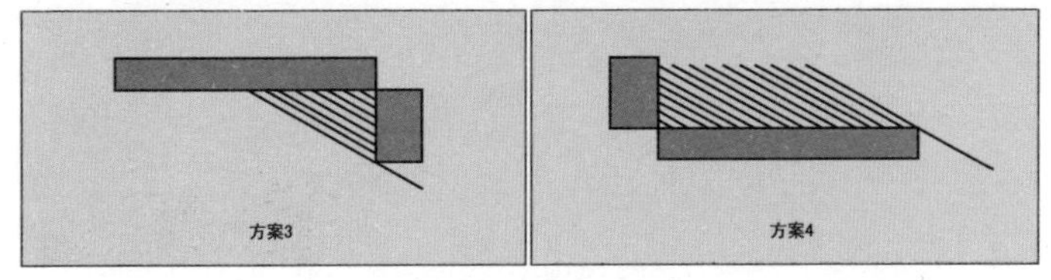

图 3-24　周边式布局优化方式示意图

4. 避免自遮挡

位于南侧的住宅建筑会遮挡北侧建筑的阳光，南侧建筑高度越大，两栋住宅之间的距离也必须越大。即便是同样的建筑高度，如果屋顶形式发生变化，对北侧住宅建筑也会产生不同的遮挡效果（图 3-25）。

在住宅形体设计中，设计者应注意调整建筑顶部的形式，如果采用坡屋顶形式，能够有效利用阳光，使得建筑之间的日照间距得到最大化利用。

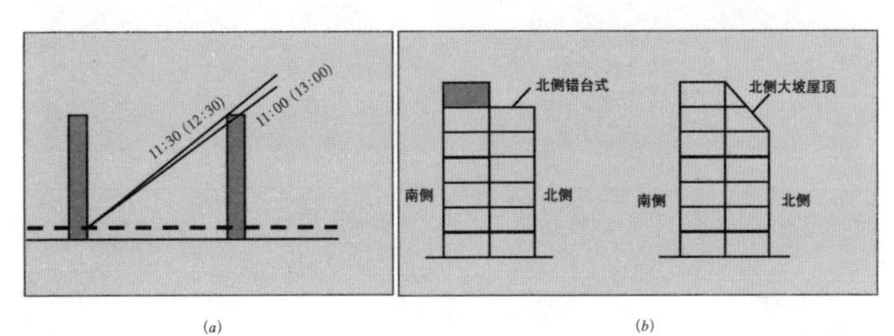

(*a*)　(*b*)

图 3-25　两排建筑之间的自遮挡

(*a*) 原理示意图；(*b*) 避免自遮挡的优化方式示意图

3.4 结构与层级

3.4.1 结构及要素

1. 构成要素

住区构成要素可划分为用地、设施、交通、景观、建筑 5 个部分，如图 3-26（*a*）所示。在具体开展住区规划设计的构思时，第一步往往是对构成要素进行组建。

2. 住区结构

各构成要素之间存在的相互关系，称作住区结构，是根据居住功能的要求综合解决建筑、设施、用地和景观等相互关系而采取的组织形式。构成要素间存在复杂、相互重叠交叉的半网络的关系，如图 3-26（*b*）所示。

3.4.2 传统分级

1. 不同层级的住区

从微观角度到宏观角度，城市形态存在“住宅—住区—城市”的层级构成。众多住宅建筑形成了各类城市空间，不同的区域代表了不同层级的住区。依据《城市居住区规划设计规范》（2002 版）的规定，住区层级划分以多层住宅为基础，即人口规模是划分的重要依据。住区按人口规模可分为“居住区、居住小区和居住组团”三级（见图 3-27、表 3-19）。设计者也应注意，也存在“居住街坊和住宅群落”与前 3 种不同的类型。

城市居住区分级及规模　　表3-19

组成	内容	规模
居住区	住宅集中，设有一定数量及规模的公共服务设施的地区，它由若干个居住小区或若干个居住组团组成	人口3万～5万人
居住小区	由城市道路或自然界线（河流）划分的、具有一定规模并不为城市交通干道所穿越的完整地段，小区内设有整套满足居民日常生活需要的基层服务设施和公共绿地，由若干居住组团组成，是构成居住区的一个单位	人口1万～1.5万人
居住组团	由若干栋住宅组合而成，并不为小区道路穿越的地块，内设为居民服务的最基本的管理服务设施和庭院，它是构成居住小区的基本单位	人口0.1万～0.3万人

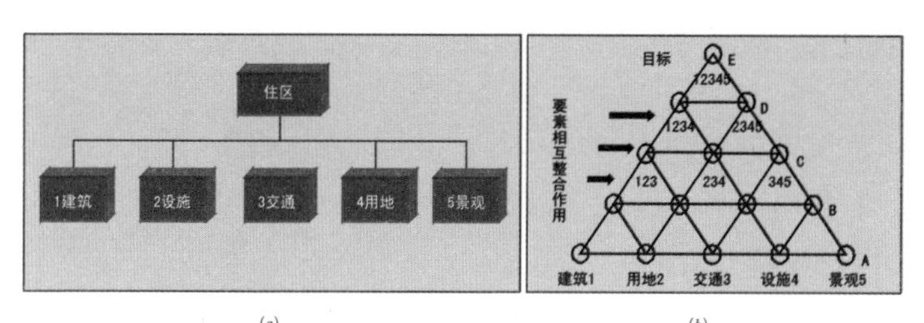

(*a*)　(*b*)

图 3-26　住区空间要素
（*a*）构成要素；（*b*）要素结构整合

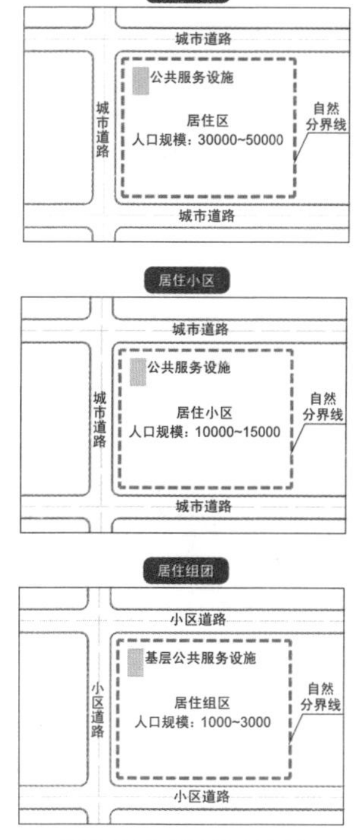

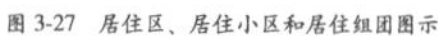

图 3-27　居住区、居住小区和居住组团图示

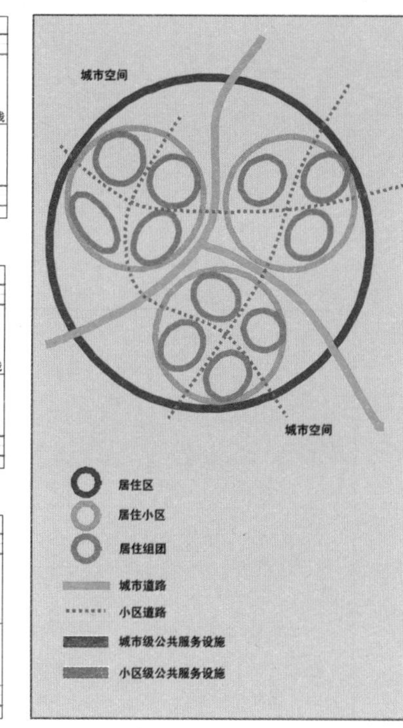

图 3-28　城市—居住区—居住小区—居住组团之间的层级关系

不同级别的住区构成模式　表3-20

类别	特点	图示
居住小区为规划基本单位，结构方式为：居住区—居住小区	以居住小区为规划基本单位组织居住区，有利于保证居民生活的方便、安全和区内的安静；有利于城市道路的分工和交通的组织	居住区—居住小区
居住组团为规划基本单位，结构方式为：居住区—居住组团	居住区由若干个居住组团组成	居住区—居住组团
居住小区和居住组团为规划基本单位，结构方式为：居住区—居住小区—居住组团	居住区由若干个居住小区组成，每个小区由2～3个居住组团组成	居住区—居住小区—居住组团

图 3-29　不同等级结构的住区实践

(a) 深圳白沙岭住区：居住区—居住组团；(b) 曲阳新村：居住区—居住小区—居住组团；(c) 天津川府新村住区：居住区—居住小区

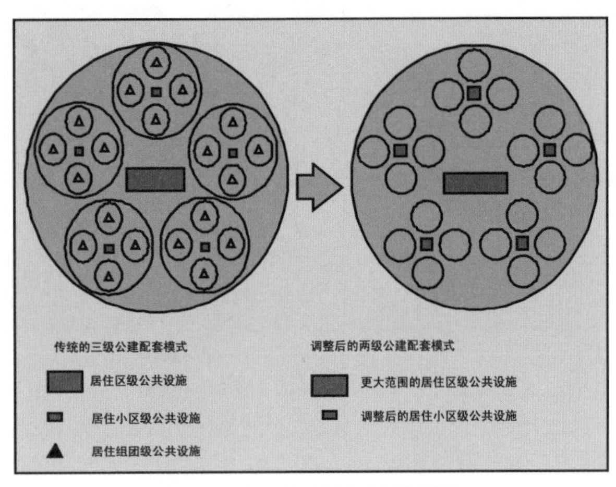

图 3-30　由传统三级公建配套调整为两级配套模式示意图

2. 基本构成模式

传统住区规划结构的基本构成模式有 3 种，如表 3-20 所示。

3. 结构等级

依托多年来国家推行的“城市住宅建设试点小区”和“小康住宅示范小区”等策略，3 种模式的空间等级结构（表 3-21）成为我国住区建设实践的主体，图 3-29 所示的住区案例在当时住区规划设计领域起到了引领作用。

由于我国土地资源匮乏和人口基数过大之间的矛盾，使住区建设不能采用新城市主义那样发展的低密度住区，须向新加坡、中国香港等高密度住区发展模式学习。

（1）提高小区的人口规模

以一个小学服务的人口作为控制小区人口规模的下限是合理的。

（2）调整住区规划结构

以扩大规模小区和基本单元（街坊）为城市基本组成单位，形成“更大规模居住区—更大规模居住小区—基本单元”的三级结构，如图 3-30 所示。

知识补充

目前，北京、深圳及杭州等地的规划设计标准已将居住小区的人口规模上限提高，如北京为 7000 ～ 12000 人，深圳为 10000 ～ 20000 人。北京有些地区已出现小学过剩现象，但新建居住区依然配建小学，造成教育设施过多、过小的重复性配置。

住区的等级结构　表3-21

等级	类型
二级结构	居住区—居住小区
	居住区—居住组团
三级结构	居住区—居住小区—居住组团

(3) 淡化组团，使用基本单元（街坊）

住区规划中不再强调使用居住组团，而是采用更为灵活，与城市空间渗透性更好的基本单元（街坊）来组成最小单位，直接由住宅院落甚至是单体建筑组成。当然，设计者在规划中采用两级结构也是允许的，如采用“更大规模的居住区—基本单元（街坊）”和“更大规模的居住区—更大规模的居住小区”结构形式（图 3-31）。

(a) (b) (c)

图 3-31 上海万里居住区

(a) 内院景观；(b) 总平面图；(c) 沿街景观

案例介绍

上海万里居住区率先采用较大规模的等级结构形式：由 3 个居住小区组成，规划人口 61000 人，总户数 19700 户，每个小区有 20000 人左右，大大超过了规范中规定的 10000 ～ 15000 人的标准。

住区中的群体布局形态是若干基本单元相互组合后的具体表现，但它决非凭空产生的。规划的布局形态应结合以下几类形态要素的组织来评判（图 3-32）：

①形态要素：

点（点式住宅、树木等）；

线（条形住宅、连廊、林荫道等）；

面（板式住宅、地面、水面等）。

②视觉要素：建筑及各构成物的体量、尺度、色彩等。

③关系要素：建筑及各构成物布置的位置、方向、间距等。

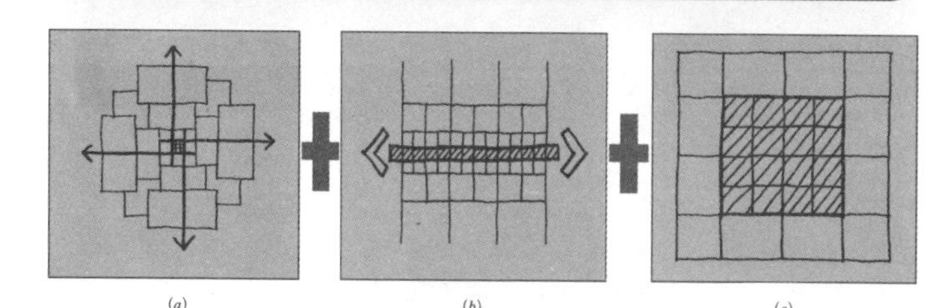

(a) (b) (c)

图 3-32 住区中点、线和面的形态结合

(a) 线和面的结合；(b) 线和线的结合；(c) 面和面的结合

3.5 群落秩序

3.5.1 朝向与基地偏角

住宅与基地周边道路或其他界面所形成的偏角关系，能为规划中的住宅排列布局提供多种选择。合理选择建筑群体与基地周边界面的偏角关系，可以增强住区整体性，也会给内部基本单元带来空间变化。为体现住区所在城市片段空间的形态完整，设计者多选择住宅排列方向与基地界面一致，以延续形态肌理并且提高土地使用效率（图 3-33）。

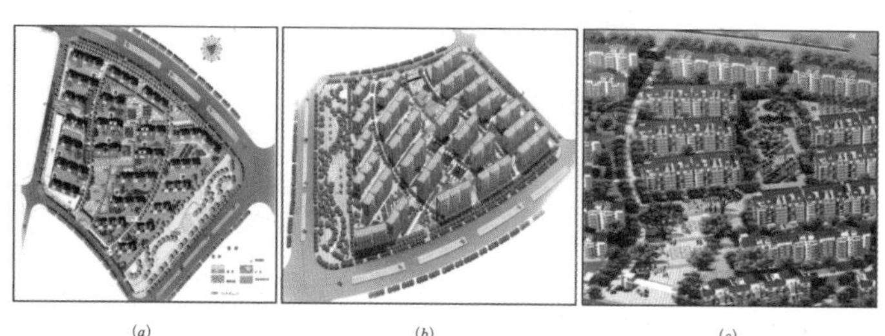

(a) (b) (c)

图 3-33 郑州农行职工住宅区

(a) 总平面图；(b) 鸟瞰图；(c) 局部景观

知识补充

由于要保持住宅正朝向，因此住宅外界面与基地界面间形成三角形空间。如何在设计中运用这些貌似废弃的“边角料”，通常会选择将邻近城市界面的住区服务设施填补在这些区域内，当然选择设置景观场所也是一种手段。

(a)

(b)

图 3-34 上海连城花苑
(a) 内部景观；(b) 总平面图

案例介绍

连城花苑小区中西侧的 5 栋 11 层住宅采用错位式布局，最不利一户有效日照达到了 2.5h 以上；中东部 6 层和 9 层住宅的错位布局，不仅形成了完整的组团空间，还使得建筑间距达到普通间距的 2 倍，最不利的住户日照达到了 3h。住区平均层数 8.4 层，容积率达 1.5。

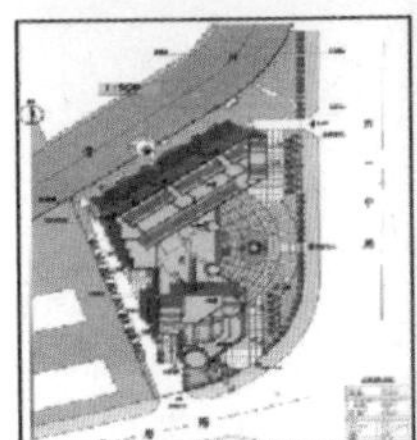
(a)

(b)

(c)

图 3-35 福州市日月星辰小区
(a) 总平面图；(b) 鸟瞰图；(c) 沿街透视

案例介绍

福州市日月星辰小区（图 3-35），用地 0.56hm^2，建筑面积 3.2 万 m^2，居住人口达 193 户，约 676 人。其布局是：2 幢 28 ~ 32 层的塔式住宅楼沿城市道路两面布置，正方向与街道朝向兼顾。

(a)

(b)

图 3-36 苏州佳盛花园
(a) 总平面图；(b) 局部鸟瞰图

3.5.2 均好性 VS 最大化

精心设计的住区空间应充分考虑到每一名居民和每一个家庭的切身感受，应该做到居住环境均好性和空间效益最大化之间的平衡，其中存在两种模式：

1. 均匀布局

住区规划的焦点是住宅建筑。在规划中结合地形利用建筑错位布置，在可行的情况下增加层数降低密度，或通过建筑布局与绿化系统的一体化设计以及建筑沿基地周边布置等方法，都是增加环境用地和提高环境均好性的有效途径（图 3-34）。

2. 集约式布局

集约式布局是将住宅和公共配套设施集中紧凑布置，并开发地下空间，依靠科技进步，使地上地下空间垂直贯通，室内室外空间渗透延伸，形成居住生活功能完善，水平、垂直空间流通的集约式整体空间。这种布局形式节地节能，适合在有限的空间里满足现代居民的各种要求（图 3-35）。

3.5.3 轴线和自由布局

1. 轴线布局

住区中轴线运用有利于形成秩序明确的空间，能增强住区连续感和整体性。小规模住区的对称布局易形成完整的空间形态，轴线的运用能够凸显住区的象征意义。在住区规划中避免轴线的滥用而忽视人性空间的需求，设计者可能需要在轴线秩序代表的庄严氛围和自由散布代表的亲和氛围间掌握一种平衡。

（1）向心型布局

空间要素围绕主导要素组合排列，表现出强烈的向心性，易形成中心（图 3-36）。这种布局形式山地用得较多，顺应自然地形布置的环状路网造就了向心的空间布局。

（2）轴线布局

在用地较为狭长的情况下往往采取轴线形式，住宅群体可沿轴线两侧分布，轴线可直可曲、弹性变化，轴线上布置绿化、步道景观等（图 3-37）。

2. 自由布局

这类住区往往是结合地形山水，因地制宜。强调道路将人行活动路线和绿化景观有机地糅和，流畅的线型和活泼的建筑布局使规划平面生动自然。图 3-38 为大连正达学府园住区，规划借鉴六甲山住宅（建筑与山地间关系）和美国九曲花街（Z 字形斜坡街道）营建富有个性的山地住宅。

3.5.4 围合 VS 景观融入

1.“围合式”布局

住宅沿基地外围周边布置，形成一定数量的次要空间，并共同围绕一个主导空间，构成后的空间无方向性。主入口按环境条件可设于任一个方位，中央主导空间一般尺度较大，统率次要空间，也可以以其形态的特异突出其主导地位（图 3-39）。

案例介绍

深圳万科城市花园位于福田区香梅北路，开发于 1996 ～ 1998 年，占地面积 25384.1m²，建筑面积 47500m²，容积率 1.9。这种围合模式阻挡了风的通路，削弱了自然通风的效果，对于炎热地区来讲是不利的，设计者通过底层架空设置圆拱门，使通风条件得以改善。

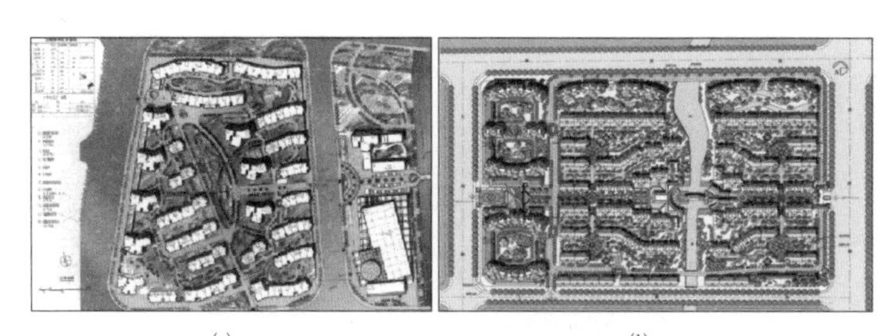

(*a*)　　(*b*)

图 3-37　轴线布局模式

(*a*) 福州市盛天鼓城小区；(*b*) 加州阳光住区中的轴线布局

案例介绍

福州市盛天鼓城小区采用中心水体景观、大片公共绿地为主的斜向轴线布局，基地面积为 8.2hm²，总建筑面积 14.70 万 m²，共计 1028 户，容积率 1.7。

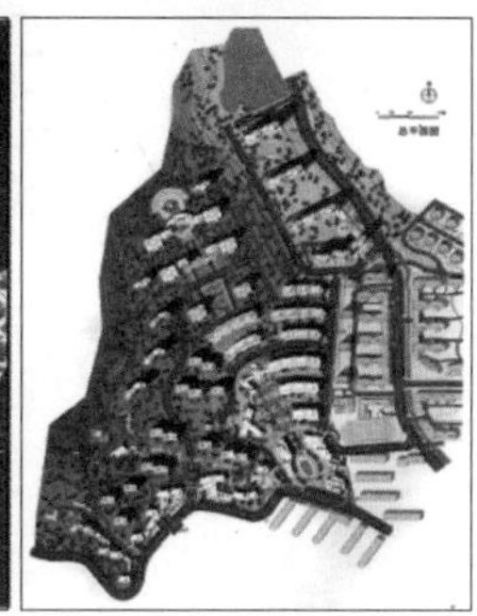

(*a*)　　(*b*)

图 3-38　大连正达学府园住区

(*a*) 整体模型；(*b*) 总平面图

(*a*)　　(*b*)　　(*c*)

图 3-39　深圳万科城市花园

(*a*) 水景；(*b*) 鸟瞰图；(*c*) 透视图

图 3-40 上海佘山江秋居住区

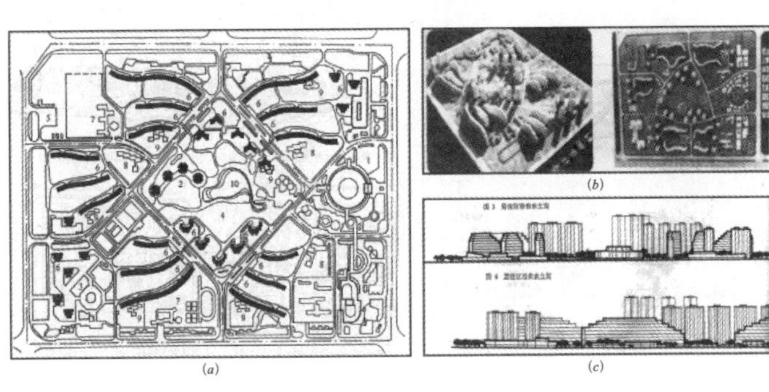

图 3-41 深圳白沙岭居住区
(a) 总平面图；(b) 模型；(c) 沿街立面图

2. 景观融入

规划更应对基地外部环境加以有效利用，并因地制宜地使其与基地内部环境相互渗透、拓展或融为一体，以形成住区完整的生态系统。住区中的建筑布局、空间营造以及单体设计与住区内、外环境都存在着密切的关联，这些正是住区对环境资源有效利用、突出地域特征和体现整体设计观念的重要方面（图 3-40）。

3.5.5 隐喻式布局

隐喻式布局是指以某种事物作为原型，经过概括、提炼、抽象成建筑与环境的形态语言，使人产生视觉和心理上的某种联想与领悟，从而增强环境的感染力，构成了“意在象外”的境界升华（图 3-41）。

案例介绍

深圳白沙岭居住区（图 3-41），基地呈矩形，东西长 950m，南北宽 700m，总面积为 66.5hm^2。

居住区由 6 组大小不等的住宅组群构成。住宅组群大部分采用塔板结合的布置方式，并与低层公用服务设施和人行天桥联成整体，低层公共建筑屋顶设计成屋顶花园，供居民游憩。

住区内道路规划时考虑私家车发展的可能，采用人车分流两套系统。主要车行流线力求与上下班交通流向吻合，而主要步行道联系各级公共中心和绿地。住宅庭园宽度均在 50m 以上，公共绿地每人平均达 2.5m^2，中心绿地和住宅间庭园均采用自然式布局。

第四章　行为活动的组织

教学要求：

空间和人的行为、心理之间存在密切联系。本章重点介绍作为人们聚居的物质载体——住区空间是如何支持人们在日常生活行为中种种交往的。

问题导航			
分节	核心问题	知识要点	权重
4.1　居住行为	居住空间与人的居住行为之间的关系是怎样的？	居住行为类别	25%
4.2　邻里之中	邻里之间的居住行为和空间的关系是怎样的？	空间界面	40%
4.3　群体之间	住区空间与行为之间的关系是怎样的？	空间秩序	35%

(a) (b) (c) (d)

图 4-1　人们在城市中行为的类型

(a) 工作行为；(b) 居住行为；(c) 娱乐消费行为；(d) 交通出行行为

不同类型居民活动轨迹　表4-1

类型1	户内—户外
类型2	住区内—住区外
类型3	户—住宅单元—住宅楼宇—住宅院落—住宅群体—居住小区/城市

(a) (b) (c)

图 4-2　不同行为与空间的关系

(a) 聚餐；(b) 散步；(c) 邻里交往

4.1　居住行为

4.1.1　居住行为

一定的行为模式通常都发生在特定的环境中。作为生活在现代城市中的一员，人们的行为活动主要包括居住行为、工作行为、娱乐消费行为和交通出行行为等。其中，居住行为是生活中最重要、最不可或缺的部分，是城市的“第一活动”（图 4-1）。

4.1.2　行为类型

1. 必要性活动

是居民日常生活中所必需的基本行为活动，又可分为：

（1）基本行为。即生理行为，如吃饭、睡觉、盥洗等。它要求所处的空间具有足够的安静性、方便性和舒适性。

（2）辅助行为。为基本行为提供辅助的行为，还包括其他日常生活事物，如炊事、洗涤、打扫等家务，买菜购物，上下班、上下学时进、出住区等。

2. 自发性活动

指居民在住区外部环境允许的情况下，自愿的、可选择发生的行为，包括晨练、散步、驻足观望、乘凉等。首先，必须是人们有参与的需要；其次，合适的时间地点也是必不可少的。

3. 社会性活动

是居民作为行为主体，在他人参与下发生的双边或多边活动，与以上两类行为活动不同之处在于它不单单只凭个人意志支配行为，而是有赖于其他人员的参与。例如，交谈聊天、打牌下棋、儿童游戏、集体锻炼，以及需要多人参加的球类活动等等。

4.1.3　行为与空间

3 种不同居住行为均有适合各自发生的场所。在居住活动中，其中很大一部分发生在户外，具有特定规律，掌握规律对住区规划有重要指导意义（图 4-2）。

1. 连续性与序列性

在现实生活中居民的活动都是连续的，而承载活动的空间也是相互渗透的。人的行为包含一系列连续状态，每一个前面的状态引起一个后继的、要求做出决定的状态，这个状态的产生要求人们再次做出决定的另一种状态（表 4-1）。

2. 季节性

在四季分明、气候变化明显的地区，居民的户外行为也具有一定的季节性。不同季节的气候特征对居民的活动时间、活动范围和活动内容等都产生重要影响（表 4-2）。

3. 不同人群的活动区域与特征

不同年龄居民的活动能力和活动范围的参考（表 4-3）。

4.2 邻里之中

4.2.1 住宅界面

不同空间之间的界限称为“界面”。如在不同居住基本单元之间的水体可以被看作是两类空间之间的界面（图 4-3（*a*））。住宅南立面是内部空间与南侧院落空间的界面。有些情况下，住宅的北立面成为内部与城市之间的界面，所以当界面与城市空间发生关系时，我们必须小心处理。例如，我们可以在住宅的底部设计一组走廊、一排绿化带等来改变住区和城市空间之间的界面状态（图 4-3（*b*））。

界面区分了住区中人群的不同生活行为。因此设计者应注意掌握不同行为活动的差异来组织界面设计。

住区中住宅都有正面和背面两个界面。正面通常是出入口所在界面，应面向对外通道；背面面向内部庭院空间（少数单栋住宅形成基本单元时，正面和背面差别不大，图 4-4）。

设计者在规划时应使住宅正面获得公共空间的生活氛围，考虑如何开展公共活动，例如服务设施使用、机动车或行人穿行等，较多的往来流量需要通过外界面上的门、窗，直接观察到外部公共活动，起到监督作用。

居民户外活动的季节性特征　　表4-2

季节	夏季	冬季	春季、秋季
活动时间	集中在凉爽的清晨和晚上，有明显的活动时段。时间延续性较长，但总体时间少于春秋两季。一般早上5点就有居民开始晨练，晚上10点半之后仍有人在环境较好的广场上散步、纳凉	适宜活动的时间相对较少，通常都在阳光充足、比较温暖的白天。主要是两个时段：上午9～11点，下午3～5点。在晚上9点之后基本就没有人再外出活动了	春季温和，秋季凉爽，是最适宜进行户外活动的两个季节。活动时间比较长，没有明确的时间段。活动频率较高，住区内各项户外娱乐休闲设施的使用效率较高
活动内容	在各个活动时段内，活动内容比较多，活动范围也比较广。早晨是形式多样的锻炼健身；傍晚、晚上则有散步、逛商店、乘凉、游泳等	白天大多是老年人带着学龄前儿童在户外日照条件好的场地进行活动。例如，晒太阳、呼吸新鲜空气、活动腿脚、相互交谈、照看孩子、玩游戏等	活动内容丰富，几乎所有在住区内可以进行的活动项目都会产生。活动范围广泛，住区内各类绿地、操场、路边、公建等都成为居民的选择

居住区室外环境的组成与设置　　表4-3

场地分类	对象	位置	规模（m²）	场地	服务户数	距住宅入口（m）
幼儿游戏	0～5岁	住户能看到的范围	100～500	硬地、坐凳等	60～120	<5
儿童游戏	6～8岁	小块公共绿地	300～500	器械、戏水池	400～600	10～100
少年活动	9～15岁	结合小区公园设置	600～1000	多功能器械	800～1000	100～500

幼儿活动（0～5 岁），距离＜5m

儿童活动（6～8 岁），距离 10～100m

少年活动（9～15 岁），距离 100～500m

笔者依据城市空间环境设计，白德懋编著，整理绘制。

(*a*)　　(*b*)

图 4-3　深圳御峰园住区

(*a*) 不同住宅形成的临水界面；(*b*) 临中心广场的绿化界面

(a)　　　(b)

图 4-4　苏州中海半岛华府花园
(a) 内部商业；(b) 内部街道

图 4-5　青浦新城——新城亿华里住区内部界面

图 4-6　广州富力院士庭二期庭院

图 4-7　广州富力院士庭二期庭院外部商业界面

为了展开私密性活动，常选择与单元内部有较好的沟通，如选择渗透性手段来处理，或者在内部界面设置阳台、露台空间使居家的人能够关注外面玩耍的儿童和下棋的老人等。

4.2.2　单元空间

在一个居住基本单元中会产生内部和外部两种空间：内部空间相对封闭、独立，强调与外部的分隔，而外部空间则表达出外向性的性格。

1. 内部空间

单元内部空间并不依赖于外部形态表现，与外部的相关性小。内部空间具有能够唤起那些居住其中的人们的归属感、私密性和安全感的意义，能够唤起居民的直接参与。与公共场所相比，内部空间设计应注重强化与居民身体的尺度相关联（图 4-5、图 4-6）。

2. 外部空间

住区基本单元的外部空间没有明确界限，或者说具有多层次、多类型的界限，有时基本单元一边毗邻城市街道，另一边则是旁边单元的住宅建筑。如此不同的外界要素制约着外部空间的形态。设计者在处理时需精心处理不同情境下的空间关系（图 4-7）。

案例分析

在苏州中海半岛华府设计中，外部界面毗邻城市道路，设置商业、会所等公共服务设施。单元外部空间承载更多的公共活动，设计选用较大尺度的幕墙来处理公共建筑外立面，公共场地的设计也更加简洁清晰。

3. 隐私与监督

住宅的监督是指人们能观察到外面街道的活动，这是有利于安全的。如图 4-8 中，建筑能够观察到院落中的情况，利于防盗，在发生紧急情况时，人们能够快速做出适合反应，而图 4-9 中建筑的侧面不易被监督。

当然监督的存在会减少居住的私密性。设计者通过设计阳台、露台或半开放庭院，牺牲了部分隐私性，但获得了邻里监督而提高了安全性，同时这些丰富的灰空间为住区增添了趣味性（图 4-9）。

4. 围合和渗透

住区基本单元内外空间的联系依靠不同建筑形体间的围合程度，这是最重要的因素之一，在单元空间组织中，由界面围合而形成的不同程度的开放性，会对居住环境中人的心理感受产生极大影响（图 4-10）。

4.2.3 室外空间

单元空间中为居住生活提供外部空间，有利于促进交往活动的展开。这些外部空间既包括半公共性的庭院空间，也包括为局部居民提供的半私密性空间。设计者常采用以下几种方式设计室外空间：

1. 利用地形高差

利用地形高差进行设计，主要含住区道路和宅间高差变化、住宅之间地形高差变化以及住宅间室内外高差变化（图 4-11）。

课堂提问

问题：何谓“无场所性”的住区空间？

回答：如果出现以下特征，就有可能产生无场所性：①道路没有与相应的直接活动产生联系；②环境过于标准化或图案式构图；③建筑没有任何室外空间等。

图 4-8　易于监督防止盗窃

案例分析

如图 4-8 所示，在传统街区的内部界面设置阳台、露台空间等，使居家的人能够从室内自然地监视户外活动，犹如环境长着眼睛。

图 4-9　不易于监督防止盗窃

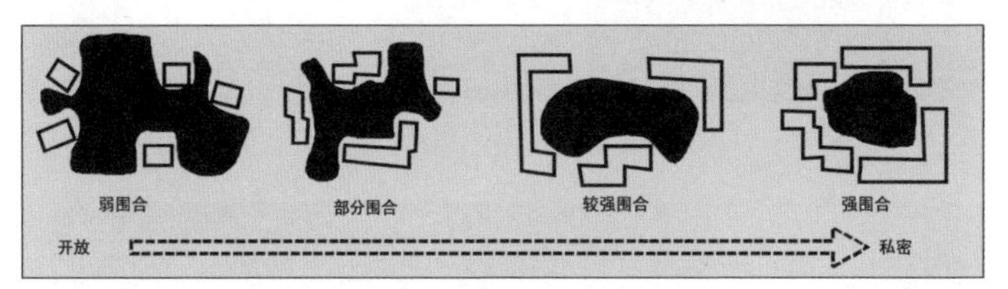

图 4-10　不同围合程度的居住单元空间

知识补充

空间围合越强的单元私密性越强，使空间具有围合感的关键在于空间边角的封闭，如图 4-10 所示。同时，在三维空间中，围合空间的比例会给人带来一系列的心理感受。过大的 D/H 会使人产生不稳定的感觉，甚至失去单元在平面上的围合构图，而过小的 D/H 会使人压抑，营造基本单元空间体时，既要考虑平面围合关系又要推敲立体空间比例。

(a)　(b)　(c)　(d)

图 4-11　绿城杭州翡翠城景观

(a) 地形高差变化通过台阶过渡；(b) 宅间高差变化通过台阶过渡；(c) 地形高差变化通过坡道过渡；(d) 室内外高差变化通过台阶过渡

(a)　(b)　(c)

图 4-12　杭州绿城之江 1 号住区
(a) 户型平面；(b) 屋顶花园；(c) 绕宅阳台

案例分析

厦门市厦航·高郡住区提供了一种空中联排别墅的户型手段，将花园引入每一住户，如图 4-13 所示。这种"复式园林"使得一户 80 ～ 90m² 的住宅拥有 15 ～ 20m² 的入户花园，住区绿化景观由公共部位一直延续至户内。

复式下层　复式上层

(a)　(b)　(c)

图 4-13　厦门市厦航·高郡住区的入户花园
(a) 花园；(b) 户型体块；(c) 户型平面

(a)

课堂提问

问题：住宅建筑中双层阳台的建筑面积？

回答：阳台计算一半建筑面积。阳台上部挑空的部分不计算建筑面积。梁和栏板不计算建筑面积。

(b)

图 4-14　厦航·高郡住区
(a) 双层阳台和公共绿地；(b) 双层阳台景观

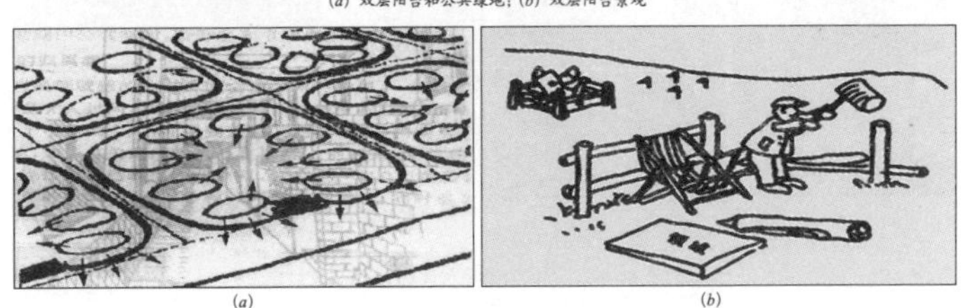

(a)　(b)

图 4-15　场所性图示
(a) 可防卫空间模式；(b) 场所性图示

2. 开辟屋顶花园

绿城之江 1 号（高尔夫艺墅）中采用"三芒星"户型平面，（建筑顶部看是 Y 字形）。每户阳台外设置环形花池，建筑三面都被绿化萦绕，形成类似别墅的"前庭后院"。阳台外部进行退台设计，形成各类屋顶花园，立面垂直绿化层层铺落并与地面景观融为一体，同样和别墅一般"有天有地"（图 4-12）。

3. 入户花园

利用入口花园等形式为居民提供外部空间。入户花园让人们希望的"庭院空间"在空中得以延伸。开发商给一楼住户送花园已不新鲜，但往上送就难了。向往花园生活的人们，希望楼层与花园兼顾时，入户花园将带来意外的惊喜。无论是一楼的住户，还是高楼层住户，都将享受到私家花园（图 4-13）。

4. 灵活的双层阳台

利用双层阳台为居民设置大尺度阳台，能取得较好的外立面效果。在前述的厦航·高郡住区案例中将别墅庭院的设计元素创新性地引入高层建筑，实现一户一（双）庭院，如图 4-14 所示。由此，住宅单元的中庭花园、入户花园和双层阳台等措施形成一系列生态景观节点，使住区绿化景观渗透到每一处角落。

4.3　群体之间

4.3.1　场所

1. 概念

空间不等于场所，场所是具有明确特征的空间。当人在一个具体的空间里感到自在，愿意逗留并产生某种联想时，空间才会成为场所。场所是社会活动的物质环境在地理上的分布，是被人或事物所占据并赋予意义的空间的一部分（图 4-15）。

2. 场所类型

通常情况下，居民对于距离自己的住宅楼越近的区域越熟悉，活动也越频繁，对其占领意识也越强；越远则越淡薄，不愿意参与其中。我们在进行基本单元设计时，根据居民的不同活动类型可以将住区内的空间划分为开放、半开放、半围合和封闭 4 种，也就会形成不同场所特征（表 4-4）。

3. 不同场所适合的活动

住区中不同性质的场所有适合自身特点的活动，从而形成不同场所的连接关系（图 4-16）。

4.3.2　边界效应

C·亚历山大在《建筑模式语言》中总结了公共空间边界效应和边界区域的经验，“如果边界不复存在，那么空间就绝不会富有生气”。在住区户外空间设计中，应特别重视边界效应。社会学家德克·德·琼治（Derk De Jonge）在对荷兰居住区人们喜爱逗留的区域进行研究后提出了边界效应理论（图 4-17），他指出树丛、海滩、空地等公共空间的边缘都是人们喜爱逗留的区域，而开敞的旷野或场地则无人光顾，除非边界区已人满为患。

4.3.3　从众心理

人们被一些人所吸引，就会聚集在他们周围，并寻找最靠近的位置，新的活动便在进行中的事件附近萌发了，这就是人的从众心理。在居住区户外空间中，人们总是选择充满活力的场所进行各种活动。例如单元附近的宅边空地、组团内的道路等处，而较少光顾那些看不到人的隐蔽地方（图 4-18）。

不同类型的场所　　表4-4

场所类型	居民的行为活动轨迹
公共空间	是人们可以随时到达并共同享有的场所。一般情况下，这类空间常常占据住宅区的中心、住区主要出入口处和主干道两侧，包括道路广场、小公园及住区活动中心、街头绿地等
半公共空间	与公共空间相比，其管理程度更高。是半私密空间向公共空间的进一步延伸和扩展。它是多幢住宅居民所共有的空间，具有一定范围与程度的公共性，例如住宅组团之间的公共绿地与活动场地就是典型代表
半私密空间	只允许一部分人进入的空间，当陌生人进入时，居民会感到不适应，低层排屋或是独立别墅的前院就是典型代表。
私密空间	一般是指住户专用的空间，别墅的后院空间多属于这类。当然有屋顶花园或露台的住宅顶层住户也属于这种类型

(a)

(b)

(c)

(d)

图 4-16　深圳曦城住区各类空间

(a) 会所前广场，公共空间；(b) 住宅前休闲亭，半私密空间；(c) 住宅前公共楼梯，半公共空间；(d) 住宅内小花园，私密空间

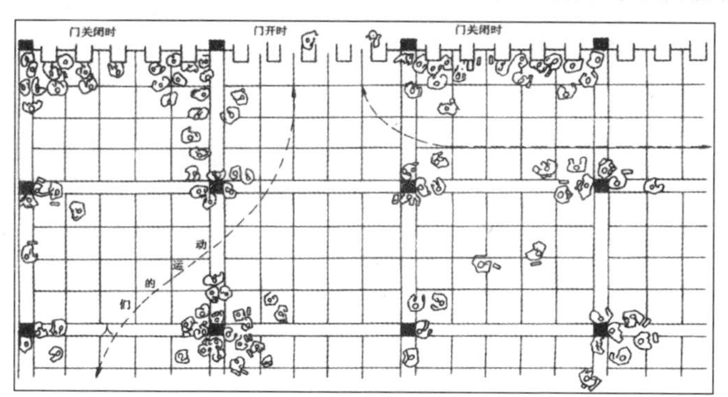

图 4-17　人们在车站等车时所选择的位置

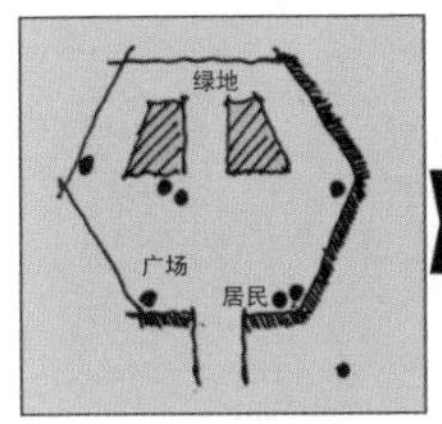

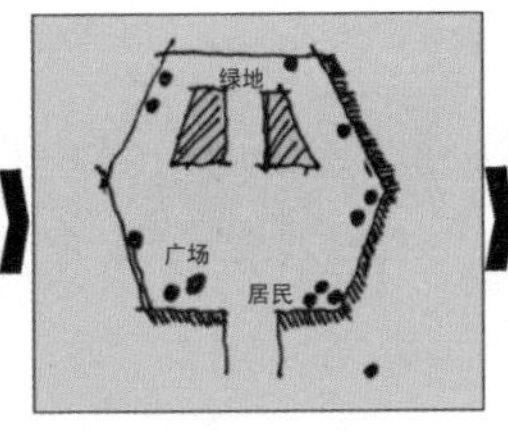

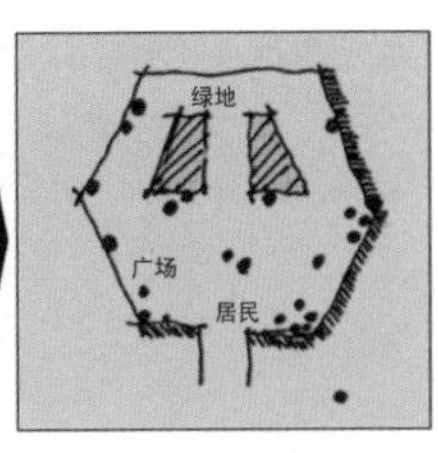

(*a*) (*b*) (*c*)

图 4-18 住区中景观广场中人群聚集的特征
(*a*) 少量的居民聚集；(*b*) 增多的居民聚集；(*c*) 较多的居民聚集

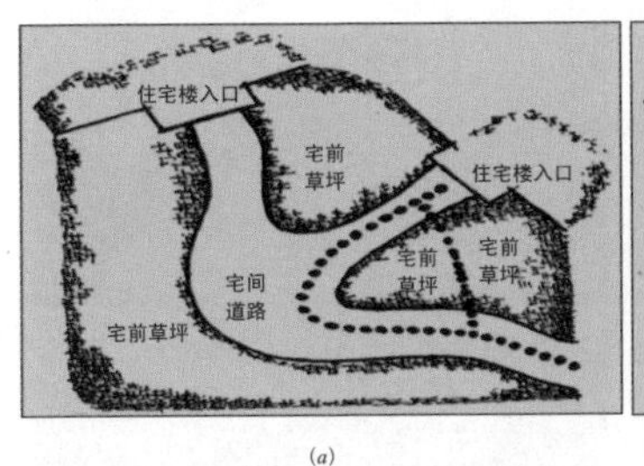

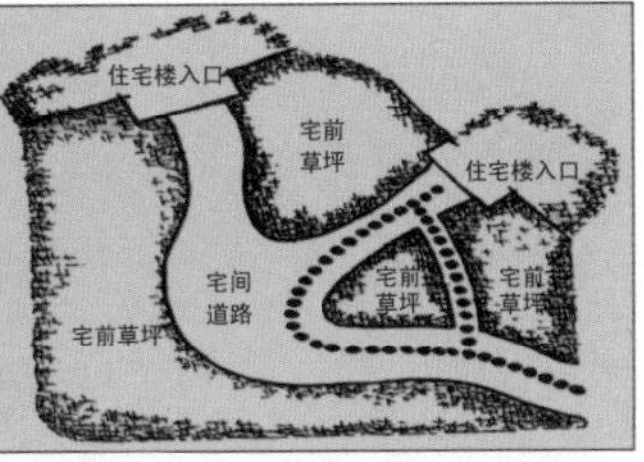

(*a*) (*b*)

图 4-19 人走捷径的习惯与绿地布局的关系
(*a*) 未改造之前；(*b*) 改造之后

图 4-20 高速公路两侧无建筑界面

图 4-21 万科浦东金色公馆道路景观

案例分析

对于住区公共空间中的草地设计，设计者有两种办法解决走捷径的难题：

一是设置障碍如围栏、绿篱、标志灯等，使走捷径者迂回绕行；

二是在设计和营建中尽量满足人的这一行为习惯，并借以创造更为人性化的住区景观环境，如图 4-19 所示。

4.3.4 走捷径

步行总是一件费力的事情，步行者自然会选择他们的线路。人们不愿意绕道太多，如果可以看到目标，他们通常会径直走向那里。在居民的日常行为活动中，走捷径这种行为习性的倾向明显，几乎是动作者不假思索做出的反应（图 4-19）。

4.3.5 领域感

人们在进入某—场所后，如遇到危险时，会寻找原路返回，这种习性称为领域感。设计者应注意这种心理习惯，设计安全的、居住亲切感的住区道路、中心花园。

1. 避免无建筑界面的道路

住区中的道路应该选择建筑作为两侧的界面，这样做的好处是，一方面居民可以随时观察到自己与不同住宅建筑的关系，用于辨别方位，另--方面住宅靠近道路，使居民尽可能地观测到自己家门口的情况，可以提前做出反应（图 4-20、图 4-21）。

2. 保证尽端式道路的安全性

住区规划中人车分离的交通方式中往往会用到尽端车行路或是步行路（图 4-22、图 4-23）。设计者应尽量缩短尽端道路长度，方便居民遇到安全紧急问题时能够快速退回。过于冗长的尽端路容易让人没有安全感。

3. 避免无建筑界面的公共空间

住区内中心花园、小型广场等公共空间是社会性活动的发生地。但是，选择将住宅与这些公共场地远离，不利于居民监督这些社会性活动，有时居民正是从自家的窗口看到广场上的公开活动，才产生了前往参与的兴趣（图 4-24）。

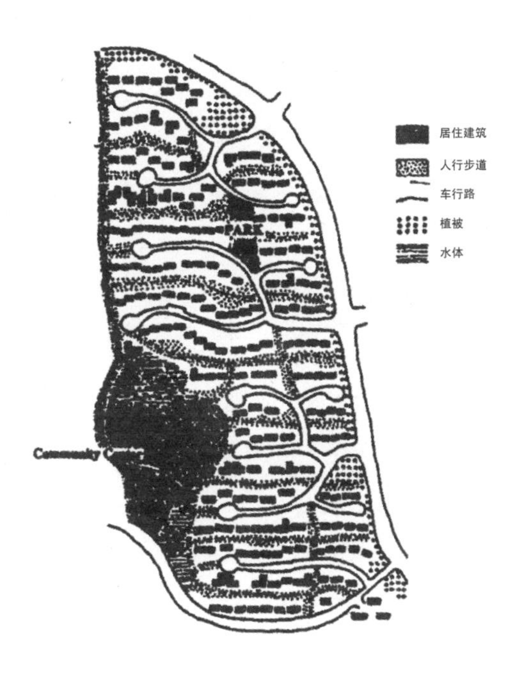

图 4-22　乡村家园尽端路剖面及规划总图及剖面

图 4-23　北京阿凯笛亚庄园

(a)　(b)　(c)

图 4-24　杭州余杭天都城天韵苑
(a) 内部庭院；(b) 院落尺度巨大，无领域感；(c) 总平面图

案例分析

杭州余杭天都城天韵苑，建筑整体采用规整正气的“大院式”布局，完成了公共、半公共、半私密、私密空间的过渡，但尺度过大。

第五章　与设施混合

教学要求：

掌握住区各类设施设计方法，并掌握在当前背景下的设施指标更新的要求。

问题导航			
分节	核心问题	知识要点	权重
5.1　混合功能	住区内部多种服务设施混合的模式有哪些？	垂直、水平混合	15%
5.2　空间分布	不同模式的服务设施的优势与不足是什么？	底商满布	20%
5.3　规范更新	新背景下公共服务设施指标的更新要点有哪些？	设施布局灵活性	30%
5.4　停车设施	住区停车不同模式间的差异性有哪些？	停车指标	20%
5.5　市政设施	各类市政设施的组织原则是什么？	管线间关系	15%

5.1 混合功能

5.1.1 垂直 + 水平混合

随着城市规模日趋扩大，城市功能复杂性凸显。人们的日常生活不可能孤立于周边其他功能区域，多种居住活动需要不同功能混合设置（表5-1）。功能混合指在同一空间中多种功能同时并存和重叠，彼此间并不完全独立，体现了空间的广泛适应性（图 5-1）。

5.1.2 良性节点

设计者需要注意的是，要控制好不同活动之间的距离并以此为依据设置功能混合，并且要利用不同功能之间的互动与激发。就像杨·盖尔指出的“有活动发生是因为有活动发生”，也就是说不同的活动之间可以相互启迪。某一功能在一定条件下激发其他功能的产生与运行，这些被引发的功能又对起始功能起促进作用，不同功能之间的互动与激发产生“聚集效应”，使整个空间充满生机（图 5-2）。

5.1.3 主次功能

住区的基本功能是居住，是在上班、上学等活动之外的功能使用。拥有了基本功能的住区内部也会需要有小商店、酒吧、健身房等次生功能的存在，一方面提供给本地居民日常使用，另一方面也可以给非本地居民即城市顾客使用。设计应保证商业服务设施除了在有限的本地居民使用时间内获取利益，还应该能够将基本功能与其他功能（诸如办公）混合，才能够使住区拥有更长的使用时间（图 5-3）。

功能混合类型与形式　　表5-1

类型	内容	形式
垂直混合	居住区中底层设置商业设施，居住功能在商业上部	街坊式单元
水平混合	相邻建筑中采用不同功能，使不同类型活动便捷发生	中小学、商业及市场等并置

(a)

(b)

图 5-1　住区中各功能的混合
(a) 垂直混合；(b) 水平混合

(a)

(b)

图 5-2　功能混合的住区节点
(a) 功能垂直混合的节点；(b) 功能水平混合的节点

知识补充

多种功能混合布置在一个节点区域内，形成“良性节点”模式。保证步行范围能够达到的区域设置混合设施是基本要求，聚合效果最佳。

(a)

(b)

图 5-3　海上海综合住区
(a) 总平面图；(b) 鸟瞰图

案例分析

海上海综合住区位于上海市杨浦区大连路 920 号，占地 8 万 m^2，总面积 23 万 m^2，由创意商业街、创意商居 LOFT 和创意生态居 3 种形态构成，属于打破了商业、居住和办公边界的综合性小区。

5.1.4 设施使用频次

在市场条件下，住区中的公共服务设施需要有稳定的顾客群才能维持经营，例如住区中商店、小型超市及菜场均是为特定区域居民服务的。居民使用服务设施的频次依据类型不同有明显的差距。住区中必要且居民经常使用的服务设施，如表 5-2 所示。

居民使用常用服务设施的频次　表5-2

类型	频次	设置位置
日用品	每天	紧邻基本单元
小型菜场	每天	紧邻住区
超级市场	1周/次	沿住区之间分布
专业食品	2周/次	沿城市零售业分布带
正装服饰	4周/次	沿城市商业分布带
诊所	不确定	紧邻住区
小学	每天	紧邻基本单元
邮局	2周/次	紧邻住区
图书馆	2周/次	紧邻住区
健身中心	1周/次	紧邻住区
网店	不确定	城市网络空间分布

课堂提问

问题：小型菜场属于哪类服务设施？在居住区、居住小区及基本单元中小型菜场的设置规模如何？

小型菜场功能配置为农贸产品和小商品，《城市居住区规划设计规范》（GB 50180-1993）对菜场的相关规定包括：居住组团每千人 100 ～ 400m² 的用地面积，150 ～ 370m² 的建筑面积。

5.1.5 影响因素

随着人们对住区环境的要求越来越高，应考虑适当增加商业设施的密度，商业设施的密度取决于以下几个相互联系的因素，如表 5-3 所示。

商业设施密度的影响因素　表5-3

影响因素	内容
住区所在区位	在城市中心区域，由于长时间的积累，各种生活基本的商业设施一应俱全，住区规划时有些与城市商业重复的服务设施，如日用品商店、理发店、咖啡店等；而正处于开发中的城市郊区，由于城市的市政设施条件不高，各类服务设施缺乏
居民富裕程度	住区的开发目的和针对的客户群体均不相同。中高档住区的居民多是比较富裕的人群，这些人所需要的服务设施的种类就比较多，而富裕程度一般的住区中会规划满足生活必需的设施
居民出行方式	不同的出行方式直接影响到住区公共设施空间分布的变化。随着社会不断发展，居民的出行方式发生了巨大变化。机动车的增加使人们的出行距离大范围增加

5.2 空间分布

5.2.1 底商满布

将主要公共服务设施沿住区外围界面布置，这种模式使得商业体量可以较大限度扩大，展示面较长，可视性佳，能有效吸引外部的消费者，对外性较强，在一定程度上利于商业的销售。不利之处在于公共服务设施（幼儿园、小学等）会偏心布置，不利于远离设施的部分居民，如果是规模较大的住区，服务设施的利用率会受到影响（图 5-4、图 5-5）。

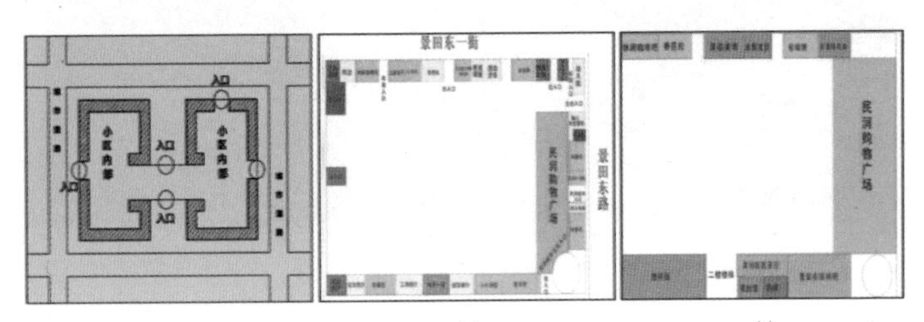

图 5-4 “底商满布”的公共服务设施模式

(a)　(b)

图 5-5 万科金色家园的服务设施
(a) 住区沿城市道路底层设施分布；(b) 二层平面图

案例分析

图 5-5 显示的深圳万科金色家园沿城市道路的商业设施，临南侧城市道路商铺展示效果最好，也是大型品牌主力商家分布最密集区域，如肯德基等，沿北侧安静的道路设置了幼儿园、住区标准超市、美容美发等本地居民必备的服务设施，体量大的民润购物广场位于东侧出入口。

5.2.2 集中成片

将各类公共服务设施成片的布置在住区邻近城市干道的位置，往往以建筑组合体布置的方式集中设置商场、娱乐设施、超市等公共设施，满足一体化的需求，如图 5-6、图 5-7 所示。

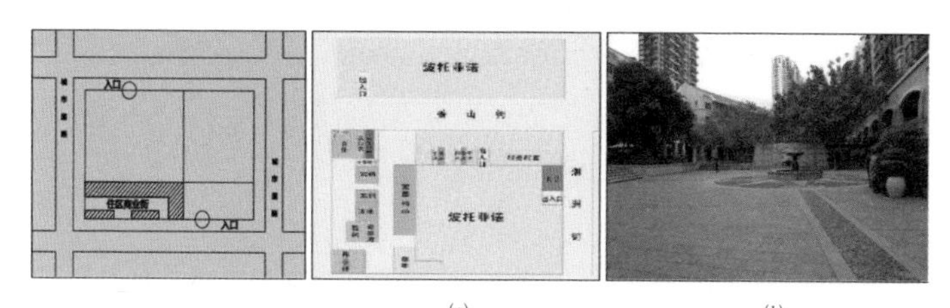

图 5-6 集中成片的服务设施布局模式

(a) (b)

图 5-7 深圳波托菲诺纯海岸住区
(a) 底层设施部分；(b) 商业街实景照片

案例分析

图 5-7 显示的深圳波托菲诺纯海岸住区外围沿城市道路的商业设施，为避免住区内部商业设施只能为本地居民提供服务，将各种功能设施靠近城市空间集中设置，如此不仅能让进出居民便捷快速的使用，同时外部通过型人群依然能够在出入口享用设施。将商业独立于住区，减少商业对居住的影响，同时，在一定程度上利于商业规模的扩大，易于形成规模效应。

5.2.3 入口街廊

设施沿住区主要出入口集中布置，不仅可以吸引周边居民，而且可以吸引较远距离、借助其他交通工具来此的非本地居民，集中布局的商业街将公共设施与街道相结合，创造出繁荣的购物环境，更符合人们在休闲购物时的“人看人”的心理需求。此模式有利于社区居民的购物消费，商业街铺商业价值较高，同时，此模式一定程度上限制了商业的规模扩大，且展示面不长，可视性不强 (图 5-8、图 5-9) 。

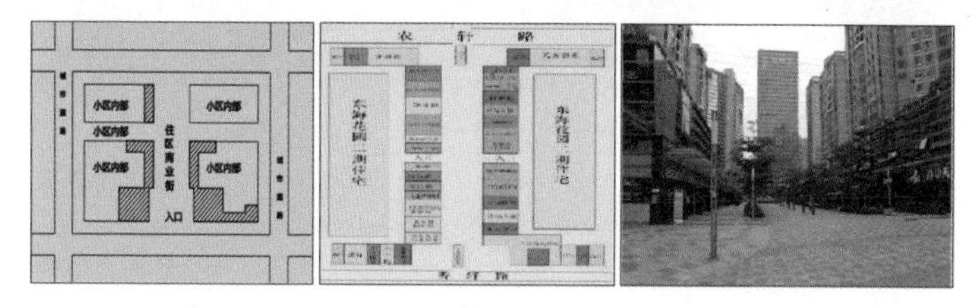

图 5-8 “入口廊街”的公共服务设施模式

(a) (b)

图 5-9 深圳福田东海花园服务设施分布
(a) 沿城市道路底层设施；(b) 实景照片

案例分析

图 5-9 为深圳福田东海花园外围沿城市道路的商业设施，住区中央为福禄居步行街，毗邻深圳地铁车公庙站，商业总面积约 8000m^2，形成了一个集购物、饮食、配套服务于一体的商业中心。

5.2.4 小学和幼托

在早期住区规划理论中，通常将学校布置在住区中心，人们感觉到学校能够给人带来住区的凝聚力，学童们可以从家里以最短的距离，安全地完成上下学活动，无需穿越城市道路。随着住区规模不断扩大，组团概念日益弱化，将学校设置在临近城市道路一侧也是一种模式。只是设计者在规划时应确保交通系统能够使学生安全地往返于学校与其他基本设施之间。

幼儿园规模以 8 班为宜，用地紧张时可设置在住宅底层，但应该将住宅出入口和幼托入口分开，建筑层数一般以 1 ～ 2 层为主（表 5-4）。

中小学及幼儿园布置的服务半径及规模 表5-4

教育设施	服务半径（m）	规模	建筑面积（m^2）
小学	500	20班，1000人	2500～3000
中学	1000	30班，1500人	5250～6000
幼儿园	350以内	8班，240人	3500～4500

《城市居住区规划设计规范》中公共服务设施知识要点及内容		表5-5
要点		内容
按使用性质划分		教育、医疗卫生、文化体育、商业服务、金融邮电、市政公用、行政管理和其他八类设施
分级	居住区级	1.6～3.2m²/人，占地2.2～4.2m²/人
	居住小区级	约1.0～2.3m²/人，占地1.3～2.9m²/人
	居住组团级	约0.3～0.8m²/人，占地0.7～1.3m²/人
商业需配车位		0.5～1个/100m²
幼儿园		每班按30人计，建筑面积约15～20m²/人
物业服务用房		项目建筑面积的2%

《城市居住区规划设计规范》中公共设施控制指标（m²/千人） 表 5-6

类别 \ 居住规模		居住区		居住小区		居住组团	
		建筑面积	用地面积	建筑面积	用地面积	建筑面积	用地面积
总指标		1668～3293（2228～4213）	2172～5559（2762～6329）	968～2397（1338～2977）	1091～3835（1491～4585）	362～856（703～1356）	488～1058（868～1578）
其中	教育	600～1200	1000～2400	330～1200	700～2400	160～400	300～500
	医疗卫生（含医院）	78～198（178～398）	138～378（298～548）	38～98	78～228	6～20	12～40
	文体	125～245	225～645	45～75	65～105	18～24	40～60
	商业服务	700～910	600～940	450～570	100～600	150～370	100～400
	社区服务	59～464	76～668	59～292	76～328	19～32	16～28
	金融邮电（含银行、邮电局）	20～30（60～80）	25～50	16～22	22～34	—	—
	市政公用（含自行车存车处）	40～150（460～820）	70～360（500～960）	30～140（400～760）	50～140（450～760）	9～10（350～510）	20～30（400～550）
	行政管理及其他	46～96	37～72	—	—	—	—

注：1. 居住区级指标含居住小区和居住组团级指标，居住小区级含居住组团级指标；
2. 公共服务设施总用地的控制指标应符合本规范表 2-3 规定；
3. 总指标未含其他类，使用时应根据规划设计要求确定本类面积指标；
4. 小区医疗卫生类未含门诊所；
5. 市政公用类未含锅炉房，在采暖地区应自行确定。

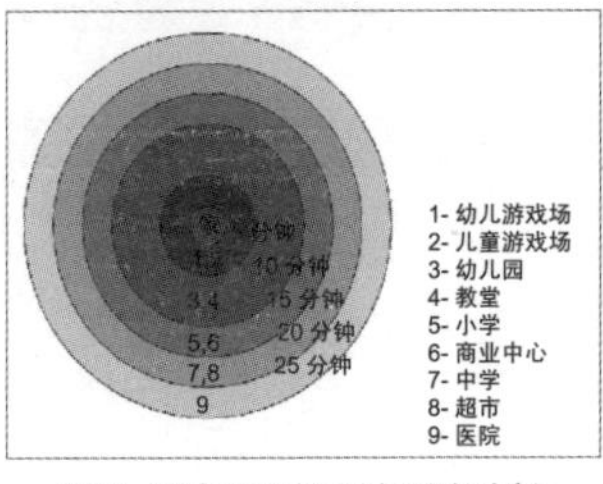

图 5-10 住区中不同类别公共服务设施的服务半径

不同规模住区服务半径	表5-7
设施级别	服务半径（m）
居住区级	800～1000
居住小区级	400～500
标准单元（街坊）级	150～200

5.3 规范更新

5.3.1 传统设施分级

1. 公共服务设施设置

公共服务设施的设置与居民生活密切相关，是住区规划的重要组成部分（表 5-5）。国家标准按照公共服务设施的功能划分了大类和小项，在项目指标设置时，标准规范以“千人指标”为核心对各项配套设施的建筑面积和用地面积进行控制。“千人指标”是综合分析不同居住人口、不同配建水平的居住区，并剔除不合理因素和特殊情况后指定的每一千个居民所需的公共服务设施面积（表 5-6）。

2. 配建面积

公共服务设施规模以每千居民所需的建筑和用地面积作为控制指标，即以“千人指标”控制。当居住人口介于两级人口之间时，其配套设施面积采用内插法进行计算。

5.3.2 服务半径

居住空间因规模不同，其服务半径不同。公共服务设施的服务半径是指居民到达住区各级公共服务设施的最大步行距离，不同类别的设施其服务半径如图 5-10 所示。

住区商业提供的服务一般交通时间 15 分钟内可到达。有专家把构建社区购物网称作“51015”，即居民出家门步行 5 分钟可以到达便利店，步行 10 分钟可以到达超市和餐饮店，步行 15 分钟可以到达住区商业中心（表 5-7）。

5.3.3 指标更新

传统规范存在的问题包括：①规范制定具有广泛性，但从居民实际需求出发欠缺应对市场变化的灵活性；②过于标准化，忽略了物质指标与居民生活间的关系；③用同一标准对不同发展水平住区资源进行规划，对于不同地域住区存在偏差。

为缓解上述问题，设计者应变更传统设施分级方式为外向化、集中化布局，具体措施包括：

（1）简化组团分级，变三级配套为两级

在保障住区公共设施的服务能力和合理服务半径的前提下，建议对原有的“居住区—居住小区—居住组团”三级配套模式进行调整，简化合并公共设施的分级，形成功能明确、布局集中的“居住区—居住小区”两级配套模式（图 5-11）。

（2）调整住区用地结构及公共设施的规划布局

用集中布局的模式取代以往由各个小区分头建设分散布局的模式。建议将同一级别，功能和服务方式类似的公共设施（如商业金融服务设施、文化娱乐设施、体育设施、行政管理设施、社区服务设施、社会福利设施等）集中组合设置，将功能相对独立或有特殊布局要求的公共设施（如教育设施、医疗卫生设施、派出所等）相邻设置或独立设置（图 5-12）。

（3）增设服务性设施

针对不同档次住区，由公益性标准和指导性建议标准组成包容性更强、灵活性更大的指标体系，同时配以定期推荐的市场研究，更新原来单一的指令性标准（表 5-8）。

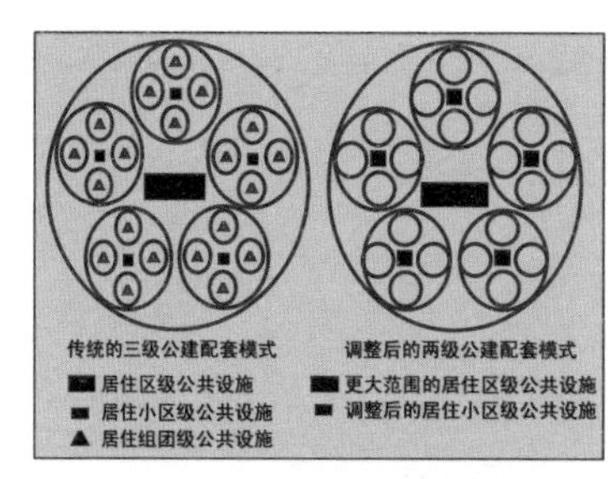

图 5-11　由传统三级公建配套调整为两级配套模式示意图

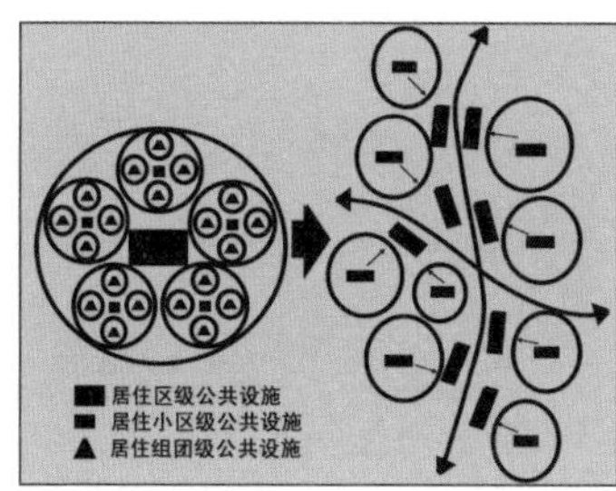

图 5-12　简化组团分级，外向化、集中化的配套布局

知识补充

住区的公共服务设施布局上尽量设于交通沿线或节点处，临街成区位置，形成居住社区中心，使服务更加便捷。

居住小区配套公建设置项目对比（1）　表5-8

类别	应该设置的项目	根据情况宜设置的项目
教育	托儿所、幼儿园、小学、中学	
医疗卫生		门诊所
文化体育	文化活动站	
商业服务	粮油店、煤（气）站、菜站、综合副食店、小吃部、百货店、理发店	冷饮店、服装加工、日杂店、物资回收站、书店、综合修理部、集贸市场
金融邮电	储蓄所、邮政所	
市政公用	变电室、路灯配电室、公共厕所、公共停车场	锅炉房、煤气调压站、居民小汽车停车场、公交始末站
行政管理	房管段	绿化环卫管理点、工商管理及税务所、市场管理点、综合管理处
其他		防空地下室、街道第三产业

居住小区配套公建设置项目对比（2） 表5-9

分类	项目	配建内容	居住区	小区
居家住养	老年住宅	专用老年住区和“适老化”改造住宅		▲
	老年公寓或养老院	居家式生活起居用房、餐饮服务用房、医疗保健用房、文化娱乐用房和室外活动场地等	▲	
医疗护理	老年专科门诊	医疗保健、家庭病床医护用房和医疗服务站等		★
	老年养护院	生活餐饮服务、医疗保健、康复及临终关怀用房等	★	
生活照料	老年服务站	家政服务接待室、日间上门照料服务和保健站等		▲
	老年日间照料中心	休息室、活动室、保健室和餐饮服务用房等		▲
	老年服务中心	活动室、保健室及提供紧急援助、法律援助、专业服务和有关老年人问题咨询服务和设施用房等	☆	
文体娱乐	老年活动中心	多功能活动室、棋牌活动阅览室，多功能活动室、老年书法教室	▲	
	老年活动站	活动室（培训室）、保健室和室外活动场地		▲

注：★为亟需增配的设施项目；
▲为有待完善和提高的设施项目；
☆为有待开拓、发展的设施项目。

停车方式	图示	定义	优点	缺点
平行式停车		车辆平行于泊路的方向（走向）停放	所需要的停车带比较窄、车辆的出入方便、迅速	占地较长，单位长度内能够停放车辆数量最少
垂直式停车		车辆垂直于道路的方向（走向）停放	用地紧凑，单位长度内能够停放车辆数量最多	所需停车带较宽，车辆出入需要倒车
斜放式停车	通 停	30° 停车	可以根据停车带的宽度等具体情况选择合适的停车角度，比较灵活，适于场所受到限制时采用	因为要控制停车方向的角度，车辆进入和驶出时有一定的难度，并需要倒车一次，影响使用时的方便程度
	带	45° 停车		
	带 带	60° 停车		

图 5-13 基本停车方式及特征

住区停车场规范要点 表5-10

要点	内容
服务半径	停车场一般设置在小区或基本单元（街坊）出入口附近，服务半径为150m
车道宽度	双向行驶的汽车道宽度应大于5.5m，单向行驶的车道可采用3.5m以上
转弯半径	为使汽车在弯道处顺利行驶，汽车的转弯半径应在6m以上
斜道坡度	斜道的纵坡，一般规定在17%以下。如出入口直接相连时，应尽可能采取缓坡

（4）增设住区老年设施

从目前已建成住区老年设施调研结果看，老年设施不仅数量普遍不足，而且设施配套质量较差，供需矛盾突出。住区服务设施中应该增配住区老年设施，同时提高老年设施的配建指标，以满足不断增长的养老需求（表 5-9）。

5.4 停车设施

5.4.1 基本方式

我们需要掌握最基本的停车类型和需要尺寸。小汽车停车位尺寸应为：2.5m×5.5m，出入口车道宽度单车道≥ 3m，双车道≥ 6.5m。具体停车方式参见图 5-13。

5.4.2 停车方式

1. 地上停车场

以集中的方式将汽车停在住区中，停取车方便是重要标准（图 5-14、表 5-10）。

(a)

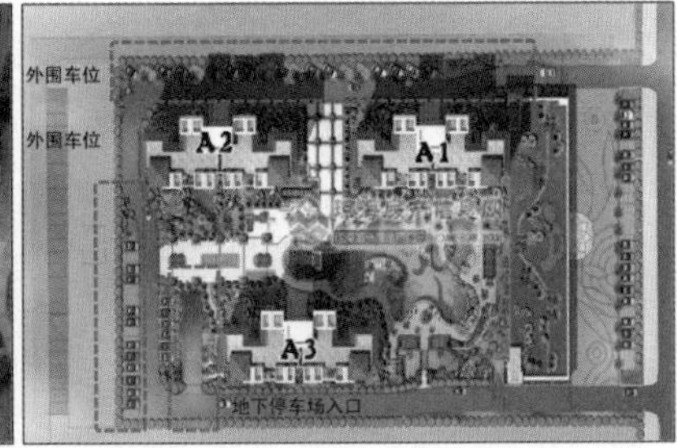

(b)

图 5-14 琼海市翠堤春晓小区
(a) 停车景观；(b) 总平面图

地上集中停车是最直接、最经济有效的停车方式，住区中分散设置的小型停车场和停车位，可利用路边、庭院以及边角零星地段，由于规模小布置自由灵活、形式多样、使用方便、缺点是零散不易管理、影响观瞻，且占用道路面积较大，一般指标为 20 ～ 24m²/ 车位，应注意采用渗透性绿化的停车地面，各组停车之间最好采取低矮绿化种植以强化停车景观（图 5-15）。

2. 地下停车场

现实中由于所需停车位数量巨大，设计者不可能做到这一点。面对激增的汽车数量，设计者应该尽量考虑将汽车设置到地下或是设计停车楼，并尽量靠近小区或组团出入口附近，如图 5-16 所示。

如图 5-17 所示地上、半地下和地下停车库 3 种形式，鉴于结构荷载限制，覆土平均厚度宜为 50cm 左右，只适应种植小型灌木和铺植草皮。

地下停车场按设置形态、利用方法、设置场所等不同有公园式地下停车场、广场式地下停车场及建筑物地下室式停车场（图 5-18、表 5-11）。

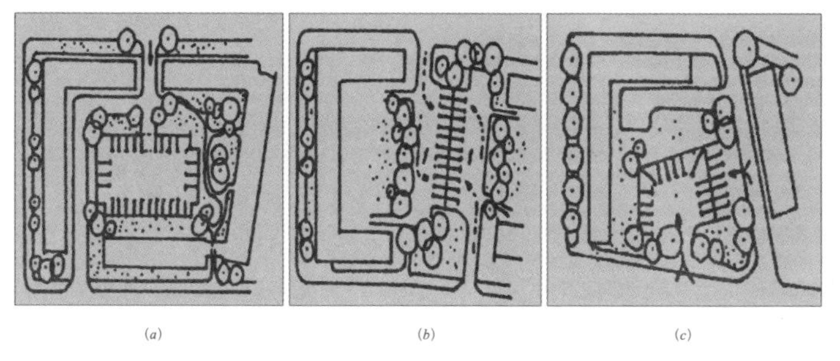

(a)　　(b)　　(c)

图 5-15　住区停车平面图

(a) 邻里内部停车；(b) 邻里单元空间之间停车；(c) 道路转角处停车

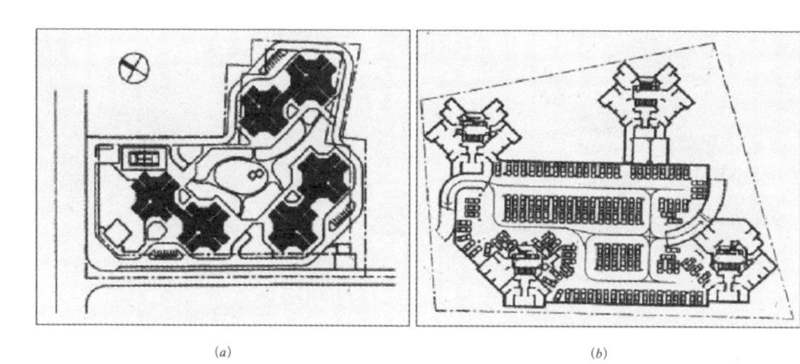

(a)　　(b)

图 5-16　住区车库

(a) 珠海粤海花园高层住宅小区车库入口；

(b) 珠海观海花园地下停车库—中央为停车区域，周边为机房等辅助用房

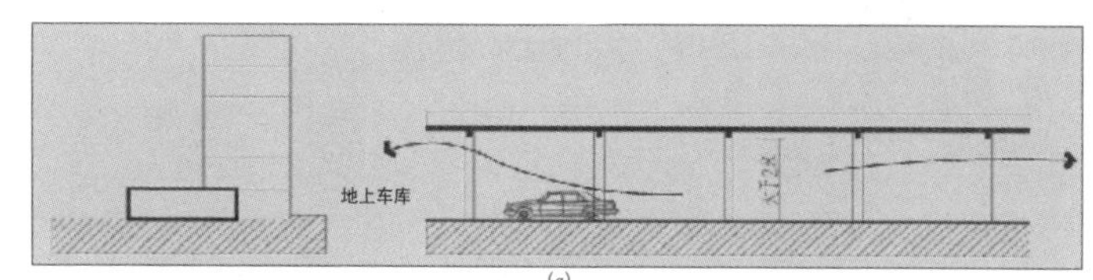

(a)

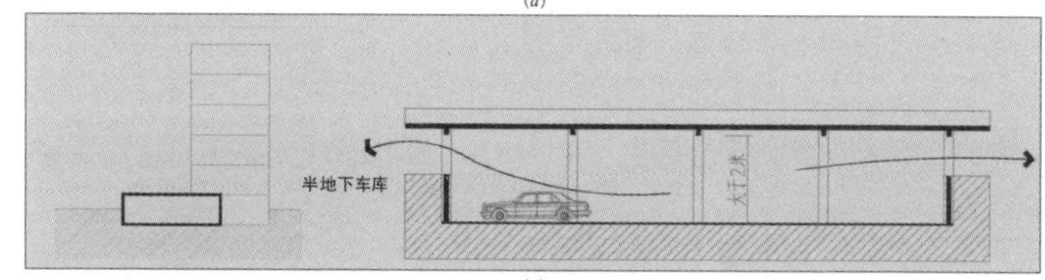

(b)

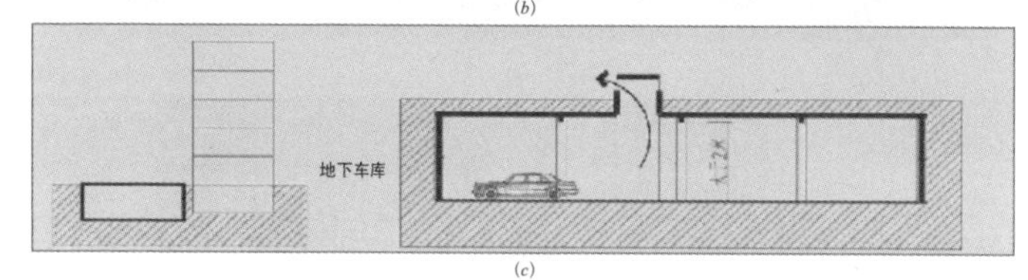

(c)

图 5-17　住区中停车库剖面示意图

(a) 地上停车库剖面示意图；(b) 半地下停车库剖面示意图；(c) 地下停车库剖面示意图

住区地下停车场面积指标　　表5-11

指标	小型汽车库	中型汽车库
每停1辆车需要的建筑面积（m²）	35～45	65～75
每停1辆车需要的停车部分面积（m²）	28～38	55～65
停车部分面积占总的面积的比例（%）	75～85	80～90

(a)

(b)

图 5-18 琼海市翠堤春晓小区
(a) 小区立体车库；(b) 小区车库出入口

(a)

(b)

(c)

图 5-19 琼海市翠堤春晓小区
(a) 自行车库出入口；(b) 自行车库入口坡道；(c) 自行车库内景

知识补充

$80m^2$＜平均每户建筑面积≤ $140m^2$ 的住宅按照每户 2.0 辆自行车设置（来源：浙标·城市建筑工程停车场（库）设置规则和配建标准，2013）。

(a)

(b)

图 5-20 湖北蕲春城市花园
(a) 底层架空剖面示意图；(b) 住宅底层架空实景

3. 自行车停车场

新建住宅小区必须配建永久性自行车停车场（库），并以地面停车位为主。老旧小区、平房地区要通过建设自行车公共停车场，解决居民自行车停车问题（图 5-19）。

停放方式可为单向排列、双向错位、高低错位及对向悬排。车排列可垂直，也可斜放，单台自行车按照 2.0m×0.6m 计。

4. 底层停车

在住宅建筑底层停车，使得汽车和位于底层的其他服务设施放在一起，或者在住宅底层专门设置停车库。这种做法应该仔细考虑建筑室内外高差的因素，以及楼上住户流线与停车库流线的组织（图 5-20）。

5. 路边停车

在道路一侧进行停车适合于汽车不普及的时代，因为路边停车会影响道路通行的速度。但是目前越来越多的汽车停在住区中反而起到了隔声降噪的作用，这倒不是设计者的初衷。在确定道路宽度时，可以额外加上路边停车的尺寸，建议以 45° 或 60° 方式停放。一般情况下 6.5 ～ 7.0m 宽的道路可留出 2.0 ～ 2.4m 的空间作为停车位。

在设计细节中可以在停车带中设置绿化景观，以减少众多汽车排在路边带给人的心理压力（图 5-21）。

课堂提问

问题：在建筑底层架空停车好不好？

回答：这是一种比较被动的办法。因为这样做，需要考虑底层停车场的出入通道，这势必会破坏住宅附近的景观绿地。

5.4.3 停车指标

依据住区所在城市级别、所在城市内的区位条件以及当地居民需求，普通标准的住区居民私家车停车位配建标准一般为住区总户数的25% ~ 50%。为确保住区内的基本居住环境质量，依据服务设施规模和功能应设置不同设施的机动车停车位，参见表 5-12 的最小配置指标。

5.5 市政设施

5.5.1 内容构成

1. 各子系统

住区市政设施中各子系统有各自的功能（表 5-13），依据使用功能可以划分为 7 类（表 5-13），

依据敷设方式可以划分为：

（1）架空架设线路。传统架空架设线路主要有电力电路、电信电路和道路照明路线。

（2）地下埋设线路。在地面以下有一定覆土深度的工程管线。在地下埋设线路中，沟埋管线又是发展趋势。

2. 设置步骤

住区市政设施设置包括以下 4 个步骤，如表 5-14 所示。

(a)

(b)

图 5-21 汇成名郡小区
(a) 路边停车场；(b) 住区停车场

住区配建公共停车场（库）停车位控制指标 表5-12

名称		单位	自行车	机动车
居住部分	别墅	车位/100m²建筑面积		1.0
	住宅	车位/100m²营业面积	10	0.25
商业场所	一类（大型超市、批发及农贸市场等）	车位/100m²营业面积	3.0	0.5
	二类（一般的商业、银行营业场地等）	车位/100m²营业面积	3.0	0.3
公共中心		车位/100m²建筑面积	7.5	0.3
饮食店		车位/100m²营业面积	3.6	1.7
医院、门诊所		车位/100m²建筑面积	1.5	0.2

注：1. 本表机动车停车位以小型汽车为标准当量表示；
2. 其他各型车辆停车位的换算方法，应按相应换算系数折算。

住区市政设施构成 表5-13

类别	内容
给水工程设施	给水工程设施包括供水管网以及给水增压泵站
雨水排放工程设施	雨水设施：管渠、提升泵站、排涝泵站、雨水排放口等施；污水设施：污水管道、污水提升泵站、污水处理站等设施
供电工程设施	高压配电网、低压配电网、变配电所（站）、开关站等设施
燃气工程设施	
供热工程设施	
通信工程设施	电信工程设施、广播电视工程设施、邮政设施
环卫设施	

住区市政设施设置步骤与内容 表5-14

步骤	内容
第一步	首先对规划范围内的现状工程设施、管线进行调查、核实
第二步	依据详细规划布局、各专业总体工程规划和分区工程规划确定的技术标准和工程设施、管线布局
第三步	计算规划范围内工程设施的负荷（需求量），布置工程设施和工程管线，提出有关设施、管线布置、敷设方式以及防护规定
第四步	在基本确定工程设施和工程管线的布置后，进行规划范围内的工程管线综合规划，检验和协调各工程管线的布置。若发现矛盾，及时反馈给各专业工程规划和居住区详细规划，提出调整

住区供水方式与内容	表5-15
供水方式	内容
分类供水	生活用水（含居民生活用水和各类公共建筑设施用水）与其他用水分两个系统供水
分压供水	高层建筑与多层、低层建筑分压供水
分质供水	优质、普通和低质水分3种水质进行供水或饮用水和其他用水分两种水质进行供水

住区污水处理方式	表5-16
处理方式	内容
直排方式	直接排入污水管网，至城市污水处理厂集中处理
自建设施方式	居住区规模较大，周围尚未建设城市污水管网时，应进行污水处理设施建设
中水系统处理	建设中水系统，将污水处理后回收为低质用水，如环境清洁用水、绿化用水等

5.5.2 布置要点

1. 供水系统

（1）综合生活用水

综合生活用水包括城市居民日常生活用水和公共建筑用水，但不包括道路、绿化、市政用水及管网漏失水量；绿化用水量包括公共绿地用水量、居民院落绿化用水量，一般按绿地面积计算，标准为 1.0 ～ 3.0L/（m^2·d）。

（2）给水量预测

生活用水量标准常按 L/（人·d）计，住区给水工程规划可综合生活用水标准再适当加上市政和管网漏失量进行计算。

（3）供水方式

根据住区建筑物类型、高度、市政给水管网情况和水量等因素综合来确定，做到技术先进合理、供水安全可靠、投资省、便于管理，可划分为 3 种（表 5-15）。

2. 排水系统

（1）排水量预测

居住区生活污水排水量是指生活用水使用后能排入污水管道的流量，其数值应等于生活用水减去不可回收的水量。一般情况下，生活排水量为生活给水量的 80% ～ 90%。

（2）排水制度

合流制：用同一种管渠收集和输送废水的排水方式。分流制：用不同管渠分别收集和输送各种污水、雨水和生产废水的排水方式。一种情况是分别设置污水和雨水管道；另一种情况是只设污水管道，不设雨水暗管，雨水沿着地面、街道边沟泄入天然水体。

（3）污水处理

住区排水体制的选择，应根据城市排水制度和环境保护要求等因素确定，原则上以雨污分流为主（表 5-16）。

3. 供电系统

（1）供电等级

我国城市电力线路电压等级可分为 500kV、330kV、110kV、66kV、35kV、10kV 和 380/220V 共 8 类。

居住区规划主要涉及高压配电电压 10kV、低压配电电压 380/220V。

（2）电力负荷预测

居住区电力负荷预测方法很多，初步估算时可采用综合用电水平法，居住区电量预测可按 4.3 万～ 8.5 万 kW·h/km^2 估算，也可根据规划用地性质进行计算。

（3）供电方式

住区的供电有建筑用电和户外照明用电两大部分。其中建筑用电中住宅用的电量最大。住区的供配电方式一般根据城市电网的情况而定，通常按照高压深入负荷中心的原则确定。住区进线电压等级采用 10kV，低压配电采用放射式供电形式，高压配电采用环网形式。

4. 通信工程

（1）内容

现代化的通信除包括传统的电话、电视和邮政外，还包括话音、数据、图像和视频通信合一的综合业务数字网（ISDN）和有线电视。住区的入网将会具备信息服务功能（INTER 网）、宽带多媒体功能、电子付费功能和远程办公功能。

（2）要点

住区内的通信设施一般包括用户光纤终端机房，约 500 ～ 1000 户预留一处（15 ～ 20m^2）；公用电话亭服务半径为 200m；邮政局（所）服务半径小于 500m；每个住区单元应设住户信报箱，也可以设由物业管理公司管理的集中收发室。

5. 燃气系统

住区应实现管道燃气进户。住区的燃气设施有气化站或调压站，二者均要求单独设置并与其他建筑物保持一定的安全距离，调压站的服务半径一般为 500 ～ 1000m。

6. 冷热供应系统

住区的冷热供应系统一般有 3 种：

（1）以城市热电厂或工业余热区域锅炉房为冷热源的区域集中供应系统；

（2）以住区或单栋住宅为单位建立独立的分散型集中供应系统；

（3）以用户为单位的住户独立供应系统。

住区冷热供应设施有住区锅炉房、热交换站或太阳能集热装置等。锅炉房应该设在负荷中心并与住宅保持一定的距离。

7. 环卫系统

住区环卫的主要工作是生活垃圾的收运。不同的垃圾收集方式影响着不同环卫系统设施的设置，一般采用在住区内布置垃圾收集点（如垃圾箱、垃圾站）的方式。

垃圾收集点的服务半径不宜超过 100m，占地为 6 ～ 10m^2。

8. 工程管线综合

（1）内容

工程管线综合的任务是分析现状和规划的各类工程管线资料，发现并解决它们之间以及它们与道路、建筑设施之间在平面、立体位置与相互交叉布置时存在的矛盾，做出综合调整规划设计，使它们各得其所，以指导和修正各类工程管线的设计。

（2）管线分类

住区工程管线按照不同性能用途、输送方式、敷设方式等有不同的分类，见表 5-17。

（3）布置原则

当综合布置地下管线发生矛盾时，应采取的避让原则为：压力管让重力管、小管径让大管径、易弯管让不易弯管、临时管让永久管、小工程量让大工程量、新建管让已建管、检修少而方便的管让检修多而不易修的管。

地上管线上部覆土深度应符合地下管线最小覆土深度的要求。

各类管线之间及其与其他建筑、设施的最小水平、垂直距离应符合地下管线最小水平净距表和地下管线最小垂直净距表的要求。

（4）工程管线综合图的内容与表达

工程管线综合图一般包括工程管线设计平面图和道路管线布置横断面图。

各类管线在平面图中可以用不同线条图例或者用各管线拼音的第一个字母表示，管径可直接标注在线上。如：

① 给水管 G d300；

② 污水管 U d400；

住区工程管线分类					表5-17
管线名称	敷设位置			输送方式	
	地下		架空	压力	重力
	深埋	浅埋			
给水管	★	★		★	
排水管	★				★
电力线		★	★		
电信线		★	★		
燃气管	★			★	
热力管		★		★	
备注：深埋是指管道覆土深度大于1.5米					

★ 代表不同管线的敷设位置和方式。

③ 雨水管 Y d500；

④ 煤气管 M d100；

⑤ 热力管、沟 R d100；

⑥ 电力电缆 DL10kV2 × 240；

⑦ 电信电缆、管道 DX36 × 25。

在管线综合平面图上将各道路交叉口和管线交叉点分别编号。如①号交叉口的各管线可分别编为 1-1、1-2、1-3……

第六章　可达性与交通出行

教学要求：

通过本章学习，理解住区交通路网设计的模式、要点和发展趋势。

问题导航			
分节	核心问题	知识要点	权重
6.1　交通渗透性	交通渗透与住区空间开放性有何关系？	住区的封闭、开放性	15%
6.2　交通模式	不同交通路网布局模式的差异性是什么？	网格式、尽端式布局	20%
6.3　规范更新	当下如何有效改善交通环境？	组团道路、人行道设置	25%
6.4　慢行住区	慢行交通的具体设计方法是什么？	道路交接关系	20%
6.5　无障碍设计	住区中无障碍设计的关键点和做法有哪些？	坡道与台阶的结合	20%

6.1 交通渗透性

6.1.1 出行需求

1. 出行能力

住区的建成环境需要配合居民日常生活出行的特征。居民主要的出行活动包括：步行、自行车、私家车和公共交通（图 6-1）。不同的出行活动之间有可能会产生相互干扰，例如私家车与自行车、步行之间共行时的干扰，设计者应该针对具体情况设计不同活动的流线交汇模式，尽量做到各自独立。

不同的出行活动对应不同的出行距离。依据一般人的出行能力而言，居民出行能力与距离的关系如表 6-1 所示。

2. 方式选择

居民的不同生活需求产生不同的出行需求，由此产生以下 3 种交通需求，见表 6-2。

6.1.2 渗透性

住区中不同的出行方式会产生不同的交通模式，形成不同的空间渗透性。这与住区出入口的数量、位置和住区单元结构密切关联。

1. 渗透性和可达性

渗透性好的住区中道路的可达性强，能够提供给人便捷的出行路线，易于形成宜人的生活尺度；渗透性较差的住区，由于单元尺度巨大，缺乏人情味，道路可达性弱，人们途经这里会耗费更长时间。

居民出行能力与距离的关系　表6-1

类型	舒适距离	困难距离
步行	300～500m	>1000m
自行车	2～3km	>5km
机动车	无明确限制	
不同规模的住区	规模及边长	
居住区	40～100hm²，距离1000m左右	
居住小区	15～30hm²，距离500m左右	
基本单元	3～5hm²，距离100m左右	

注：住区规模也会影响出行工具的选择。

居民出行需求与方式　表6-2

类型	行为内容	选择方式
内部交通	买菜、上下学、老幼接送、邻里探访、游憩、日常休闲、建设、环境保洁及住区管理等	步行为主，兼有自行车，休闲性强
外出交通	上下班、社交、购物、旅游等	借助交通工具，车行主导
外来交通	上门服务、搬家、急求投递等	借助交通工具，车行主导

(a)　(b)　(c)

图 6-1　居民的出行活动

(a) 接送儿童上下学；(b) 居民的上下班出行；(c) 居民搬家的行为

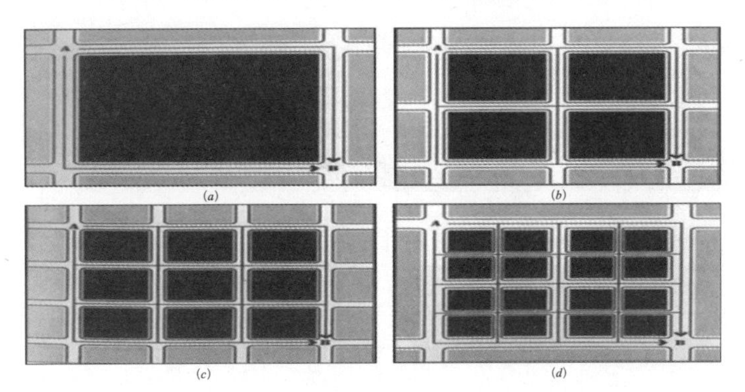

(a)　(b)　(c)　(d)

图 6-2　城市街道路网形态类型

(a) 形态一；(b) 形态二；(c) 形态三；(d) 形态四

知识补充

如图 6-2 中 4 种不同渗透程度的道路模式，(a) 的渗透性最差，地块与外围城市空间割裂，随地块划分的细化，(b)，(c) 及 (d) 的渗透性逐步增强。在当前越来越多的住区实践中，交通渗透性无法得到保证。

2. 越来越强的排外性

由于追求优雅的生活街景，住区中采用许多弯曲的道路设计，但当前大多数新住区中过分强调道路的弯曲形式，不值得推荐。因为这些道路弧线十分相似，使居住者失去方向感。例如，如果人们走入住区的街道，会发现自己容易迷失方向。为了避免这种结果，曲线应当谨慎使用，弯曲的街道也应当通过整体轨迹来保持同一个总体方向（图 6-3）。

3. 可达性与排外性的平衡

住区建设的投资方一般只同意建造满足自身需要道路的下限，即可达性仅仅建立在满足自身使用，排斥外来车流量，这种做法一方面出于安全和安静考虑，另外则是经济问题。从更广层面分析，如何既保证住区自身安静不被干扰，又能避免由于巨型住区将城市空间割裂，保持交通可达性与排外性两方面平衡是设计者需要精心计划的难点（图 6-4）。

6.1.3 均衡性

设计者可以巧妙设计道路结构和宽度，既限制穿越住区的车流量，为内部的步行和自行车者提供安全和便捷，同时在必要时增设独立车行路线，“通而不畅”的车行通道是一个好的选择。例如，人们走出自己的居住单元，外出上学或是休闲时，应建立一个更加直接的交通系统来保证渗透性的实现，图 6-5 为不同模式的住区道路系统。

案例分析

直线栅格式街道是20世纪早期美国公交导向开发的标准路网模式，如图 6-4（*a*）所示；至汽车大量应用后，曲线路网区别于传统直线路网，保证了大街坊内部具有较大的封闭空间，具有更低的连通性和更少的人车冲突点，如图 6-4（*b*）所示；树枝状结合尽端式的路网多用于常规郊区开发，如图 6-4（*c*）所示。

(*a*)

(*b*)

图 6-3　弯曲的住区道路网

（*a*）美国郊区住区中任意弯曲的街道；（*b*）国内新建住区的路网

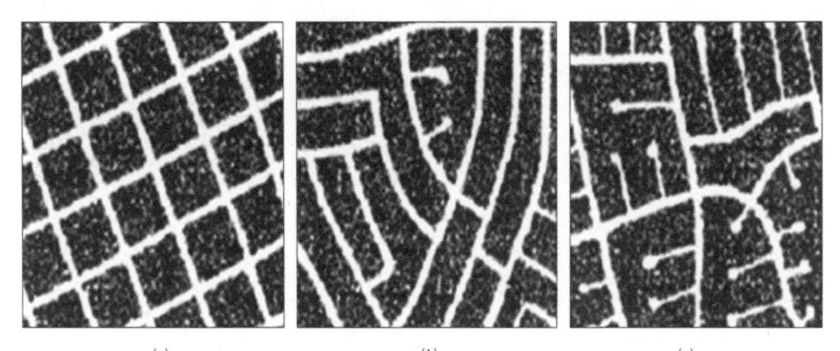

(*a*)　(*b*)　(*c*)

图 6-4　美国各个历史时期居住区街道网典型模式

（*a*）1900 年代直线栅格；（*b*）1930 ~ 1940 年代零星栅格 + 曲线；（*c*）1950 年至今树状 + 尽端路

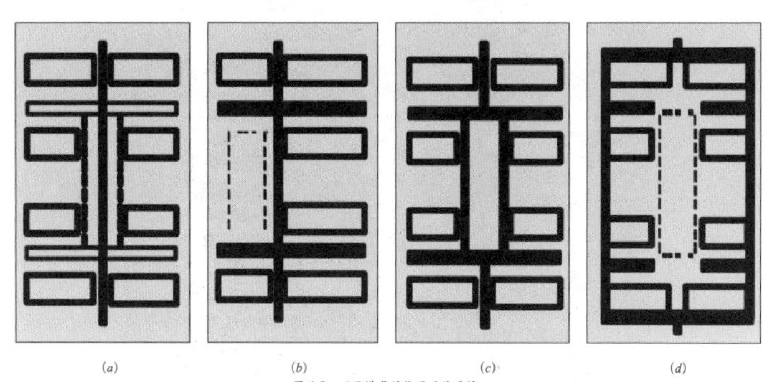

(*a*)　(*b*)　(*c*)　(*d*)

图 6-5　不同模式的住区道路系统

（*a*）道路对穿小区；（*b*）道路穿住区，住区中心在道路一侧；（*c*）内环路网穿小区，道路分为两部分；（*d*）人车分流系统

图 6-6 城市道路网格

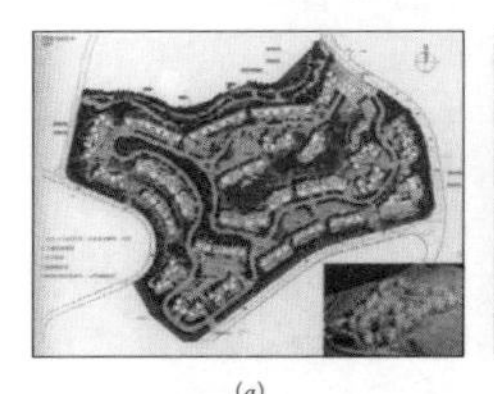

(a) (b) (c)

图 6-7 深圳中海半山溪谷
(a) 总平面图；(b) 水边步道；(c) 临水景观

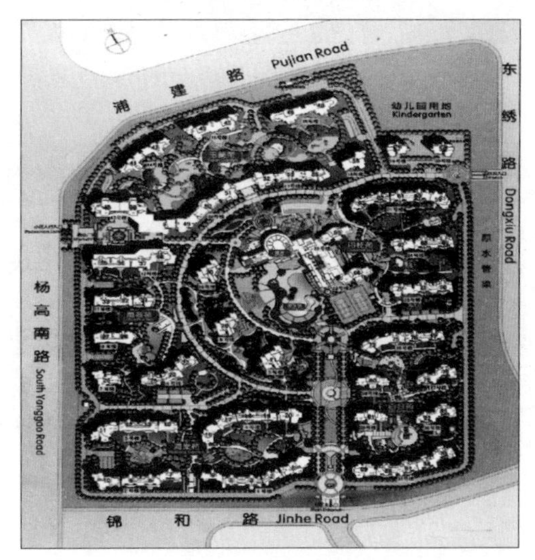

图 6-8 上海绿城住区总平面图

6.2 交通模式

6.2.1 网格模式

网格模式可适应多种基地状况，尤其适合我国平原城市区域（经纬均分形成的城市肌理影响深远），在有些丘陵和水网城市区域，网格需要经过局部变形才能够适应。网格模式的特点是渗透性好，居民可选择多种方式出行，有利于相互交流，而且使住区内部公共空间得到相互监督（图 6-6）。

知识补充

住区的形态直接影响内部交通模式。主要类型包括：网格、环状、半环状、人车分离式以及自由模式。需要注意的是，我们并没有突出强调住区道路分级模式，只是从系统层面关注通道的形态。

6.2.2 环状

在有限的几个节点间形成闭合通路系统，这种方式在当前我国住区中最为常见。设计者一般会选择将居住院落的出入口附近作为关键节点，此结构在使用过程中也易于管理。但如果巨型住区使用闭合环状通路时就会严重干扰外来流量穿越，且在上下班高峰时段会在局部通路形成阻塞。设计者应注意调节出入口前后的通路尺度以防止此类情况发生（图 6-7）。

6.2.3 半环状

半环模式主要是受基地规模限制，在不足以设置环状通路的情况下，选择使用半环或是多个半环模式进行组织。还有一种半环模式是在环式基础上进行改进，采用半环模式来解决原来固有的交通瑕疵。在封闭环式通路模式中，将完整的环一分为二，进行分离使用，同时在中间引入商业空间，这种做法值得引起注意，其优势是商业空间引进使得住区与城市产生了实质联系，充分利用了土地价值，不足之处是喧闹的市井气息多多少少会影响住区内部生活（图 6-8）。

6.2.4 人车分离

此模式是为了保证住区内部生活安全与安静，避免大量机动车对居民尤其是儿童的干扰。人车分行路网要求步行路网与车行路网在空间上不能重叠，建立完全分离、没有干扰的路网，只允许二者在局部位置立体交叉，其特点如图 6-9、表 6-3 所示。

人车分离的特点与内容 表6-3

特点	内容
独立性	进入住区后步行道与汽车道分开为两个独立系统
形态	车行路采用分级的树枝状、尽端形式达各户前
停车	在车行路周边或尽端设置停车位和回车空间
连续性	步行路将住区绿地及场地串联并连至各家门前

案例分析

上海知音住区道路中设置人车分流，提供了安全舒适的步行和车行道。外围人车并行，各走其道，住区内车行和人行游憩路线完全分离，人行步道和旋转楼梯及景观平台相结合，不但可以获得散步的舒适感，而且可供休憩眺望，这些设施还丰富了住区的景观层次。

6.2.5 人车混行，局部分离

人车混行是指机动车和行人共同使用一套路网，即机动车和行人在同一道路断面中通行。人车混行组织方式下的住区路网布局要求道路分级明确，并应贯穿于住区内部，路网采用互通型的布局形式。人车局部分离是指在人车混行的道路系统基础上，另设置一套联系住区内各级公共服务中心及中小学的专用步行道路，步行道与车行道交叉处不采用立交。

知识补充

人车分离模式受限制于经济性和使用条件（西方大量的机动车适用分离模式），我国通常采用人车混行模式。人车混行路网的关键点是通路的分级设置，设计者需要分别设置居住区级、居住小区级和居住单元级道路（如图 6-10 所示莲花住区中路网系统，通过通路断面宽度来限制机动车在住区中的活动范围）。

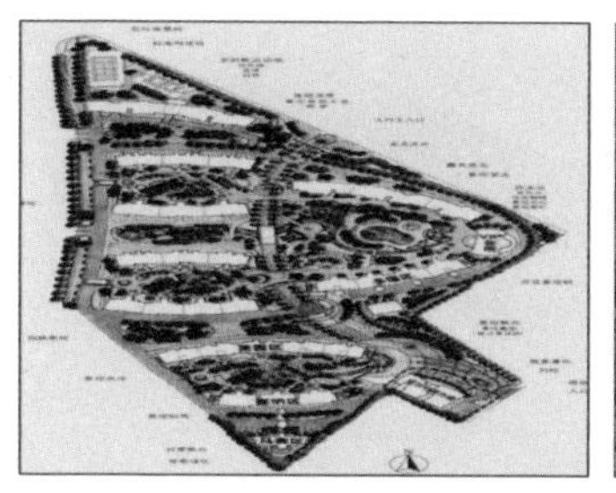

(a)

(b)

图 6-9 上海知音小区
(a) 总图；(b) 内部步行道路景观

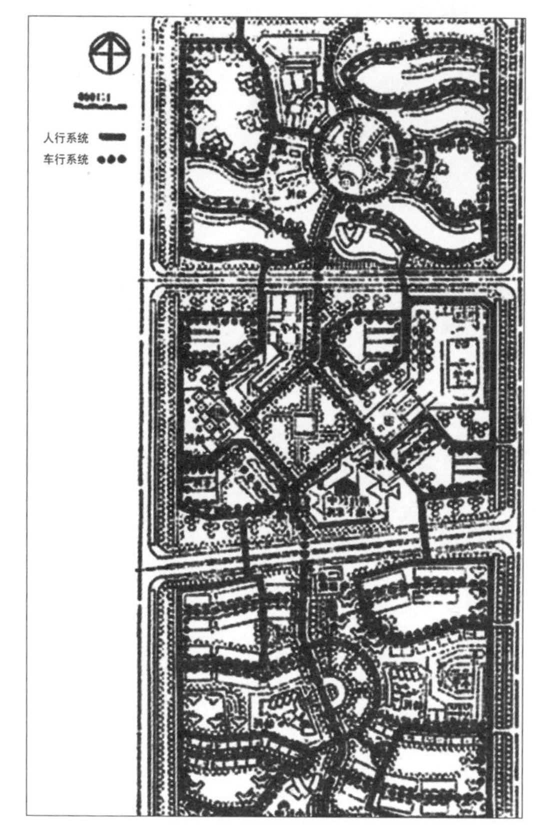

图 6-10 深圳莲花住区规划中车行和步行系统

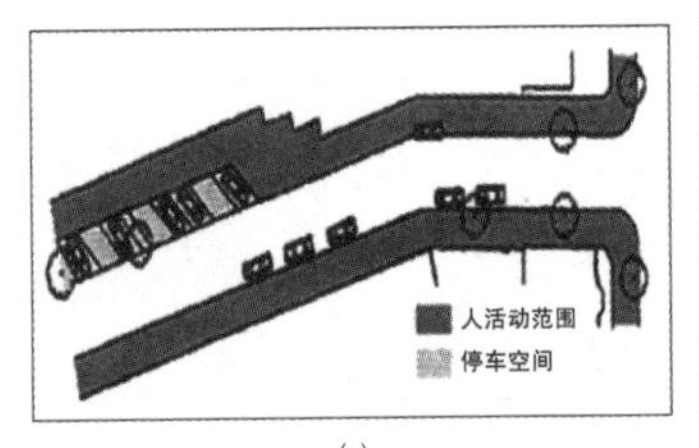

(a)

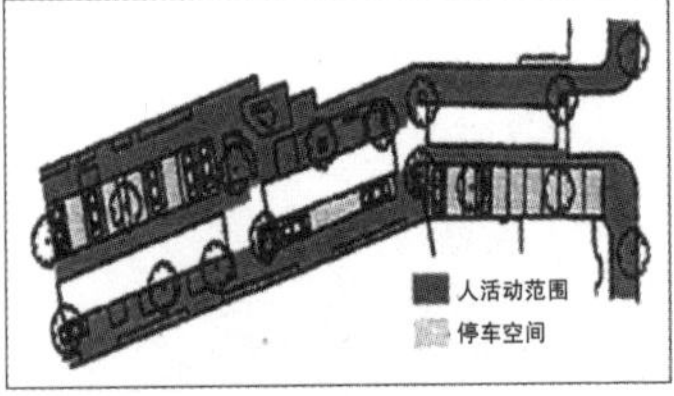

(b)

图 6-11　Woonerf“庭院式”道路中的车行和步行系统改造
(a) 改造前；(b) 改造后

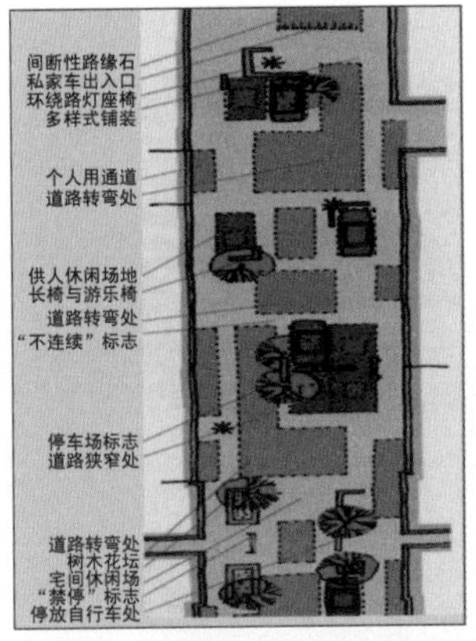

图 6-12　Woonerf“庭院式”道路中的车行和步行系统详解

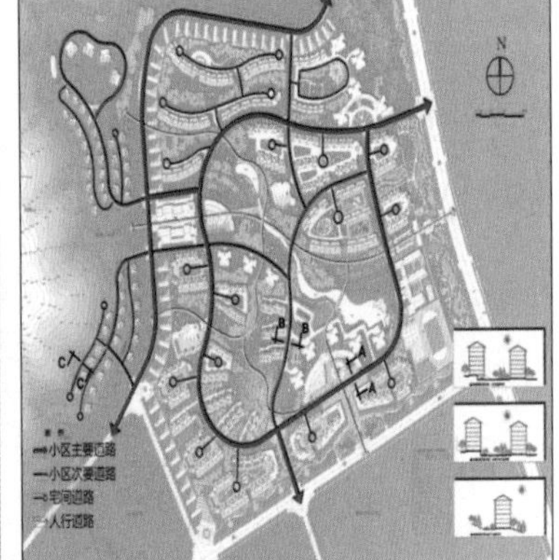

图 6-13　住区中不同级别的道路

知识补充

Woonerf“庭院式”道路　建于 1963 年。埃蒙大学（Emmen）的波尔在进行荷兰新城埃门设计时，开始探讨如何克服城市街道上小汽车使用和儿童游戏间的矛盾，设计一种新的道路平面，目的不是人使交通分流，而是重新设计街道，使两种行为有共存的可能。

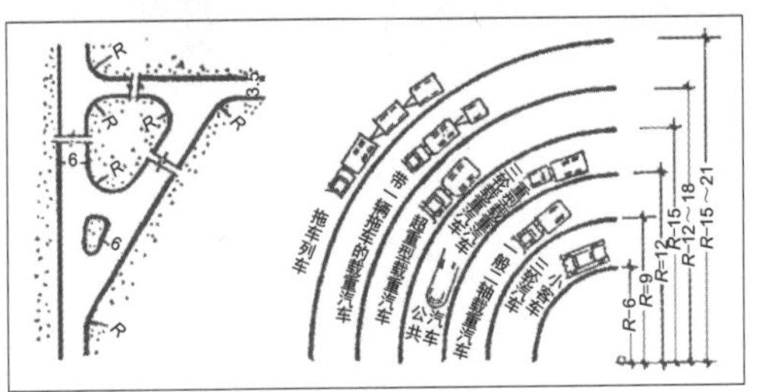

图 6-14　不同机动车辆转弯半径

6.2.6　人车共存

解决小汽车使用和儿童游戏间冲突的办法不是通过人车分离，而是重新设计街道，使两种行为得以共存，使各类道路的使用者都能公平使用道路并活动。这种道路更加强调人性化环境设计，将交通与生活空间作为整体，使街道恢复勃勃生机。

6.3　规范更新

6.3.1　传统规范要求

1. 住区道路分级

住区中通路主要为步行路和车行路（可用于少量步行交通）两种，自行车通路既可以在车行路中兼用，亦可以在步行路中使用。依据现行规范，住区道路可以划分为：居住区级、居住小区级、居住组团级和宅间小路 4 种（图 6-13、表 6-4）。

规范中住区道路分级　　表6-4

道路级别	内容
居住区级	解决内外交通的联系。道路红线宽度一般为20～30m，车行道宽度不应小于9m，人行道宽为2～4m
居住小区级	解决居住区内部交通联系。道路红线宽度一般为10～14m，车行道宽度为6～8m，人行道宽度为1.5～2m
居住组团级	解决住宅组群内外交通联系，车行道宽度一般为4～6m
宅间小路	通向各户或各单元门前的小路。一般宽度不小于2.5m

2. 道路转弯半径

道路转弯半径是指道路转弯或交叉处的平曲线半径大小（道路交叉口曲线又叫缘石半径）。住区道路转弯半径主要根据行车型号、速度等情况确定（图 6-14、表 6-5）。

规范中住区内不同道路的转弯半径　　表6-5

类别	转弯半径（m）
居住区级道路与城市道路、居住区级道路交叉	10～15
居住区级道路与居住小区级道路交叉	9～10
居住小区级以下道路交叉	6

3. 住区道路与建筑间的关系（参见图 6-15、表 6-6）

住区道路与建筑间的关系　表6-6

住宅与道路之间的关系			居住区路	小区路	组团及宅间路
纵墙面向道路	无出入口	高层	5.0	3.0	2.0
		多层	3.0	3.0	2.0
	有出入口		—	5.0	2.5
山墙面向道路	高层		4.0	2.0	1.5
	多层		2.0	2.0	1.5
围墙面向道路			1.5	1.5	1.5

4. 其他细则（表 6-7）

规范中的居住区道路设计要点　表6-7

分项	内容
总要求	顺而不穿，直曲微弯，不能一眼望穿
出入口	小区主要道路至少应有两个出入口；居住区内主要道路至少应有两个方向与外围道路相连；机动车道对外出入口数应控制，其出入口间距不应小于150m
与建筑的关系	沿街建筑物长度超过150m时，应设不小于4m×4m的消防车通道。人行出口间距不宜超过80m，建筑物长度超过80m时，应在底层加设人行通道
尽端式道路	居住区尽端式道路长度不宜大于120m，并应设不小于12m×12m的回车场地
与城市道路相接	居住区道路与城市道路相接，其交角不宜小于75°；居住区道路坡度较大时，应设缓冲段与城市道路相接
无障碍设计	在居住区公共活动中心，应设置无障碍通道。通行轮椅车的坡道宽度不应小于2.5m，纵坡不应大于2.5%

6.3.2　改善道路结构

1. 弱化四级道路分级

设计者不应强调城市道路是划分居住小区的界限，而应是划分基本单元的界限。住区内部不再强调“居住区—居住小区—居住组团—宅间小路”的四级模式，而是将基本单元（街坊）的外围道路相互衔接，形成合理的居住小区级道路，如此有利于分散城市道路交通压力。

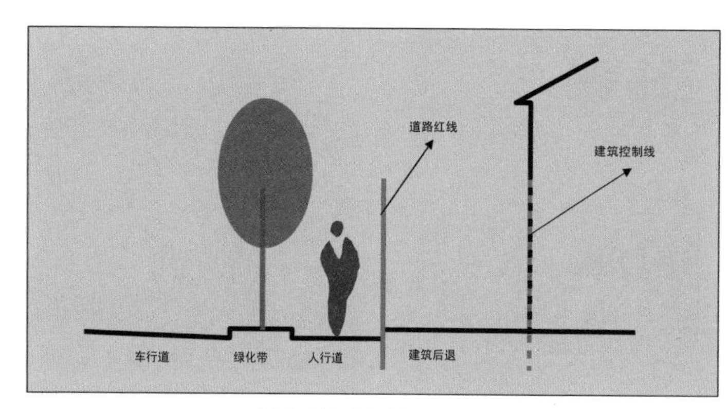

图 6-15　道路红线与建筑控制线之间的关系

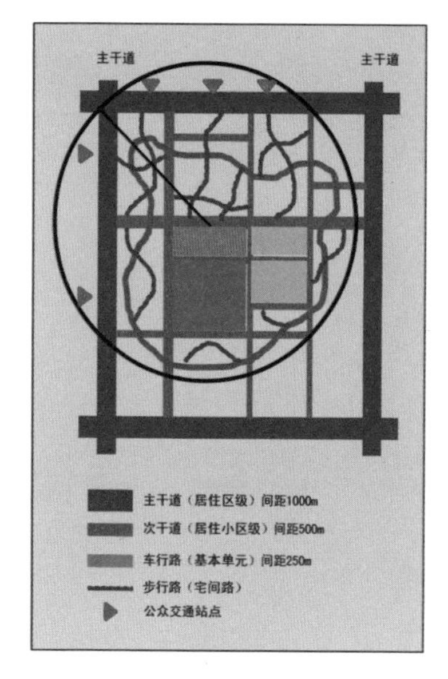

图 6-16　三级道路分级概念图示

(a)

(b)

图 6-17　人行道的尺度
(a) 宽度过小的人行道；(b) 万科悦府住区中的人行道

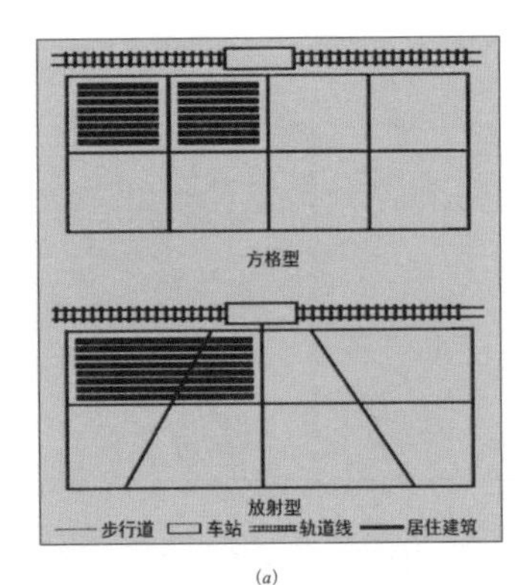

(a)

(b)

图 6-18　参照 TOD 道路模式的步行路网
(a) 步行路网；(b) 多伦多 LRT

(a)　(b)

图 6-19　住区道路车流优化设计
(a) 居住区级道路平面与断面；(b) 居住小区级道路平面与断面

2. 提倡三级道路分级

用居住小区级道路连接基本单元（街坊）内部道路或是宅间小路，同时应避免宅间小路直接面向城市干道开口，形成“居住区—居住小区—基本单元（街坊）道路—宅间小路”或是“居住区—居住小区—宅间小路”等级划分模式（图 6-16）。

6.3.3　适当增加人行道宽度

居住小区级道路可在规范要求的基础上适当加宽，如增加人行道宽度，规范中规定人行道净宽度为 2m，而在实际使用中，道路两侧如种植树木后步行空间就略显局促（图 6-17（*a*）)，因此，对于居住区级道路来讲，设计者设计时可将道路两侧的人行道增加至 2.5 ~ 3.0m（图 6-17（*b*））, 对于居住小区级道路人行道可设置为 1.5 ~ 2.0m。

6.4　慢行住区

6.4.1　联系公共交通

经济水平较高地区的住区往往十分重视城市公交系统的价值，新建住区周边会布置地铁、电车及公交车等设施的站点。

合理的住区道路规划应该给居民提供足够的出入口和便捷明晰的通道达到公共交通站点（图 6-18）。在方格型步行道路网中设计通向车站方向的通道，使人们可以通过便捷路网在短时间内到达公交站点。另外，设计者在道路设计中可以通过减少步行距离吸引人们使用公共交通，例如，以放射型路网改善以往单一的方格型路网。从宏观层面分析，城市快速交通宜每 2 ~ 4 个小区就设置停靠站点，其他公交设施应在每 2 ~ 3 个基本单元（街坊）间设置。同时，住区中的小学及商业设施应尽可能靠近公交停靠站设置，使居民更方便地接触公共交通。

6.4.2　街道的功能复合化

住区道路应成为邻里间的公共场所。在这里，步行者具有优先权利，汽车应该处于次要地位，道路中应适当安排机动车停车位置，以利于步行流线的顺畅与安全。图 6-19 中介绍了居住区级和居住小区级道路将机动车流与步行道路结合设置的方式。

6.4.3　交通限制

设计者可以通过在道路的边缘或中间左右交错设置景观路障，从而限制不必要的车辆进入，但不影响行人和自行车的穿越（图 6-20（*a*））；有时也可间断性地缩小车行道的宽度，造成不容易通过的视觉效果，使得大型车辆通行变得困难（图 6-20（*b*））；在住区特定的入口或道路交叉口设置形象的交通标志传达限速、限行、禁转等交通信息。

6.4.4　优化道路连接

道路交叉口应首先考虑对于行人和非机动车者更加安全有利。设计者应首先考虑“T”形连接，这更加适合流量较大的道路（图 6-21）。

在道路连接设计中应注意连接的角度，尽量选择接近 90° 的垂直连接方式，有利于车辆顺利通过，施工工程量也会减少。设计者应像马歇尔（2005）所建议的，建立更具渗透性的住区通路，以“自然生成”方法关注不同道路间连接交叉点设计。

6.4.5　减速慢行

设计中可以运用道路两侧建筑和景观来限制私家车的视域。一条看上去宽敞的道路对驾驶员来说会正常甚至加速前行，而一条“减窄”的道路会使车辆减速缓行。设计者通过道路侧边建筑界面、树木轮廓、旗帜等要素限定将道路宽度“减窄”。当然，在道路转角处设置建筑物或是标志物，也会对减慢车速有效果（图 6-22）。

知识补充

局部拓宽道路：设计者可以通过改变道路侧边局部的地面材料来拓宽道路，允许超大机动车在必要时使用道路，当然仅限于低速行驶。

(*a*)

(*b*)

图 6-20　住区道路交通限制的方法

（*a*）设置景观路障，限制机动车通行；（*b*）减窄道路宽度，限制大型车辆通行

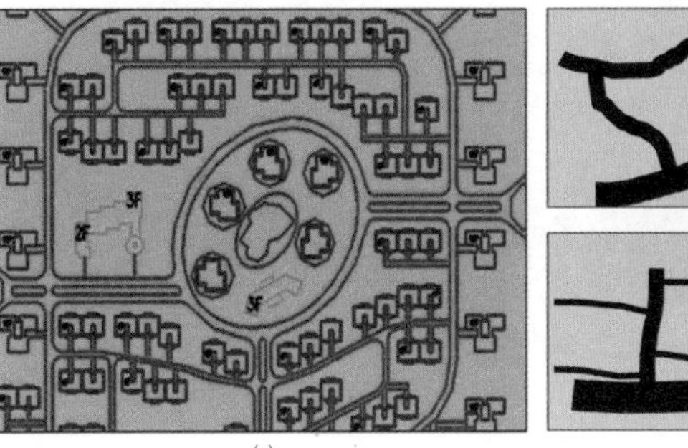

(*a*)

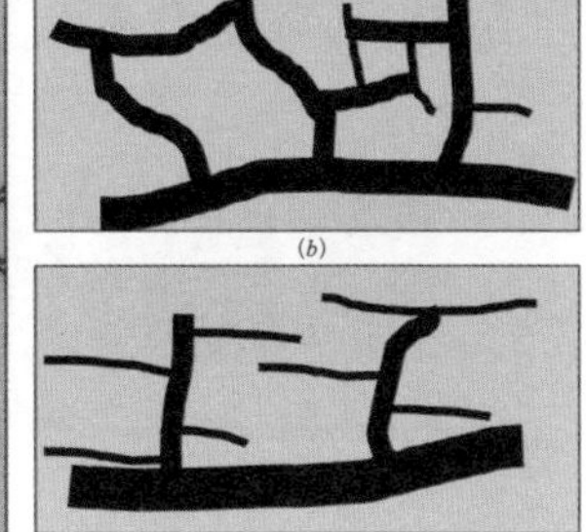

(*b*)

(*c*)

图 6-21　道路连接方式图示

（*a*）总图中道路连接；（*b*）道路 T 形连接 1；（*c*）道路 T 形连接 2

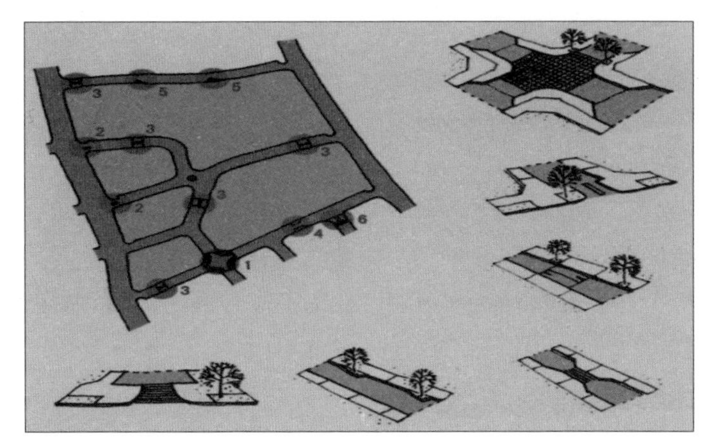

图 6-22　住区道路中减速慢行策略

(*a*)

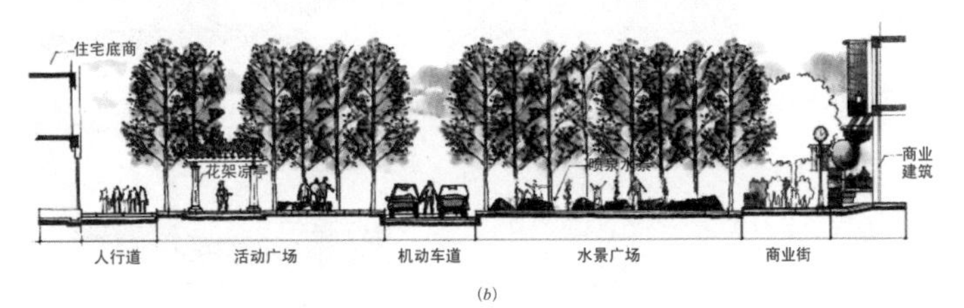

(*b*)

图 6-23　日本大阪市阿倍野区长池町人车共存系统
(*a*) 整体景观；(*b*) 剖面示意图

6.4.6　人车共存系统

住区道路系统采用人车分行使居民步行进入基本单元（街坊），保证了住区范围内的步行交通安全性。人车共存系统则是强调减少车流量或是降低车速前提下，私家车和居民共享住区道路路面，增加交往机会。图 6-23 是 1980 年日本大阪市阿倍野区长池町，实现了日本最早的人车共存道路。道路全长 1.2km，加宽了人行道，缩窄了机动车道。

6.5　无障碍设计

6.5.1　概念及原则

无障碍的物质环境是指从规划上保证居住点能与一定数量的服务设施、公共建筑和场所连成一片，从设计上保证这些地方按其使用性质提供从入口到目的地的一条或多条无障碍通道及其必要设施，使老年人、残疾人等脆弱群体可以同健全人一样容易到达，自由出入（表 6-8）。

无障碍设计的原则　　表6-8

分项	内容
安全性	由于残疾人、老年人身体机能不健全，使得他们对环境的依赖性提高，应变能力和自我保护的能力相对较低，很容易发生意外，如果得不到外界帮助而只依靠自身力量又难以脱离危险
方便性	方便性活动使人感到愉快、放松和平等。在无障碍环境中方便性与残疾人、老年人等行为尺度有重要联系
开放性	人际交往是同社会发生联系和证实自身价值的必要手段，也是保持身心健康的必要条件。这对于残疾人与老年人则尤为重要
舒适性	残疾人和老年人存在功能障碍而且容易生病，对环境温度、湿度和气流等的反应又较一般人灵敏，因此他们对环境舒适性的要求相对一般人的标准高

住区无障碍设计的目的是为保障残疾人、老年人、儿童及其他行动不便者在居住、出行、工作、休闲娱乐和参加其他社会活动时，能够自主、安全、方便地通行和使用住区物质环境。住区实施无障碍的范围主要是道路、室外活动场地、住宅入口等。

6.5.2　盲道

盲道又称导盲道，指在人行道上铺设一种固定形态的地面砖，使视残者产生不同的脚感，诱导视残者向前行走和辨别方向及到达目的地的通道。导盲道由两种触感块材作为导盲系统的路面标志构成。行进盲道是表面上呈条状形，使视残者通过脚感和盲杖触感后，指引视残者可直接向正前方继续行走的盲道（图 6-24）。

6.5.3 入口坡道与平台

住宅入口是残疾人、老年人经常出入的地方，是无障碍设计的关注点，从入口设计也可看出住区环境人性化优劣。规范规定，高层、中高层居住建筑入口设台阶时，必须设轮椅坡道、平台和扶手（图 6-25）。

1. 入口坡道

①采用坡道时室外地面坡度不应大于 1 ∶ 50;②坡道形式有直线形、L 形和 U 形，在坡道两端水平段和坡道转向处水平段，要设有深度不小于 1.5m 的轮椅停留和缓冲地段；③坡度不应大于 1 ∶ 12；旧建筑改造时，受现状条件限制，允许做到 1 ∶ 10 ～ 1 ∶ 8；④当坡道较短且人流量较少时，室外坡道宽度不应小于 1.2m，坡道较长且有一定人流量时，室外坡道宽度不应小于 1.5m（图 6-26）。

2. 入口平台

①坡道两侧栏杆下应设置不小于 50mm 的安全挡台；②坡道坡面要求坚实、平整且不光滑。为了使轮椅的通行顺畅和减少阻力，坡面上下不要设防滑条或将坡面做成礓礤形式；③为在坡道起点和终点形成足够缓冲区及保证轮椅转向需要，在该位置留有 1.5m 以上的空间。坡道顶端的门应向内开，如必须向外开，则需另外给足轮椅回转空间。

(*a*)

(*b*)

图 6-24　盲道（1）
(*a*) 道路中的盲道 1；(*b*) 道路中的盲道 2

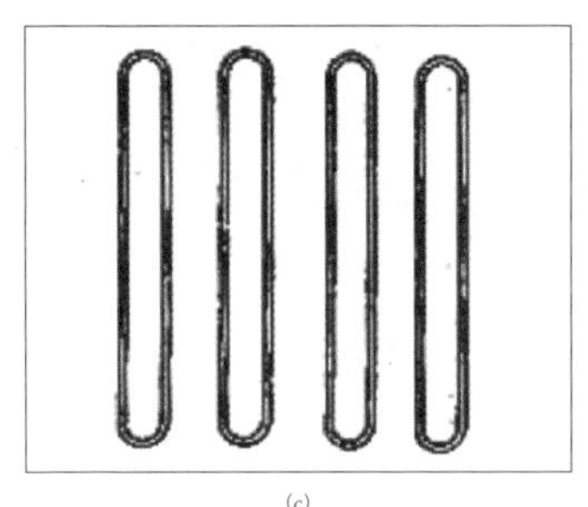

(*c*)

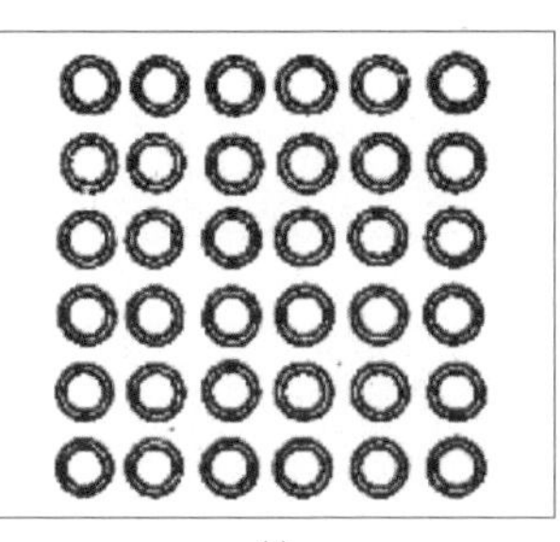

(*d*)

图 6-24　盲道（2）
(*c*) 盲道典型形式 1；(*d*) 盲道典型形式 2

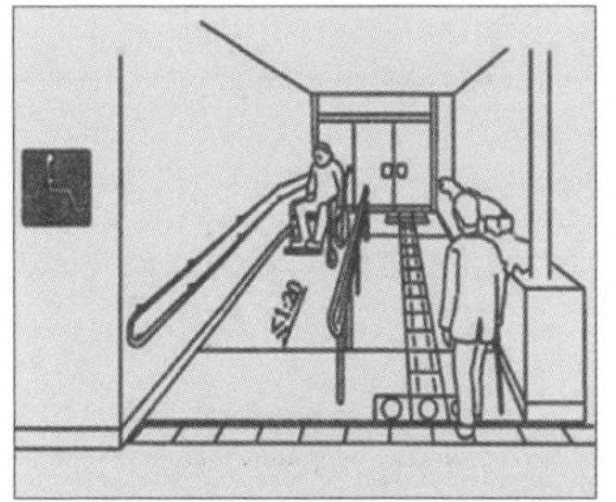

(*a*)

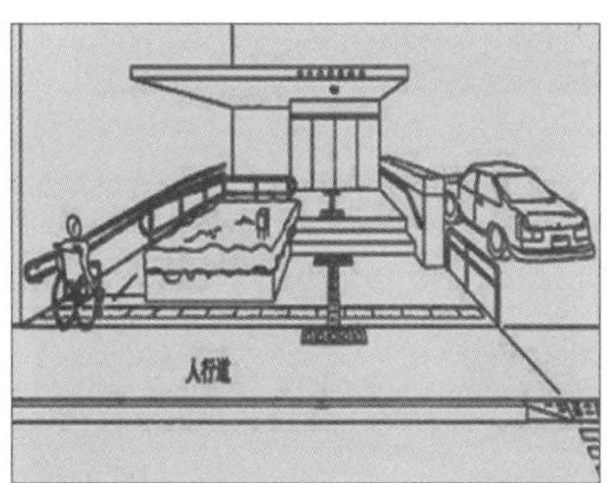

(*b*)

图 6-25　单坡道示意图
(*a*) 直线式单坡道；(*b*) 台阶

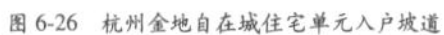

图 6-26　杭州金地自在城住宅单元入户坡道

图 6-27　杭州白马尊邸住宅出入口

知识补充

微丘地形的道路、室外场地通行最大纵坡应按《方便残疾人使用的城市道路和建筑物设计规范》第 2.3.1 条规定，2.5%；地形困难路段、立体交叉，最大坡度为 3.5%。

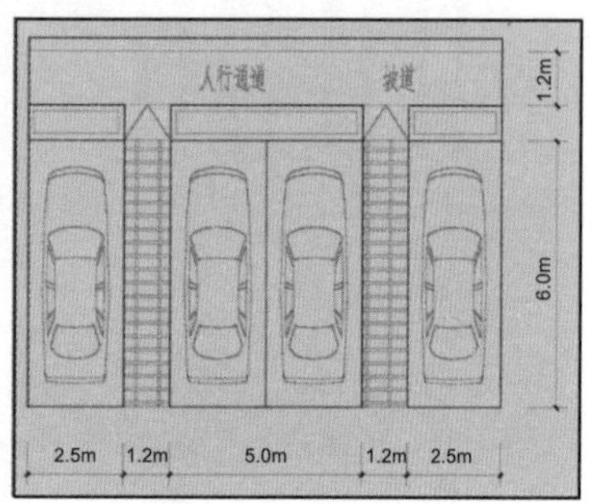

(*a*) (*b*)

图 6-28 无障碍停车

(*a*) 住区中无障碍停车位；(*b*) 无障碍停车位的尺度设计要求

(*a*) (*b*)

图 6-29 室外活动场地无障碍设计

(*a*) 场地 1；(*b*) 场地 2

6.5.4 无障碍停车

残疾人专用车是指供下肢残疾者使用的代步工具，包括残疾人专用人力车和残疾人专用摩托代步车以及其他机动车。

①地上或地下停车场地都应将通行方便、距离出入口路线最短的停车位安排为无障碍机动车停车位，如有可能宜将无障碍机动车停车位设置在出入口旁。

②无障碍机动车停车位地面应平整、防滑、不积水，地面坡度不应大于 1 ： 50。

③停车位一侧或与相邻停车位间应留有宽 1.20m 以上的轮椅通道，方便肢体障碍者上下车，相邻两个无障碍机动车停车位可共用一个轮椅通道（图 6-28）。

6.5.5 室外活动场地

各种室外活动场地应有方便的交通、适当的设施以保证残疾人、老年人使用。室外座椅布置应考虑老人们聚集和交谈的需要，对于考虑有轮椅者参与交流的话，应在休息座椅边上留有空间。场地应设置坡道作为过度，坡道应选择在道路交叉口、人行道、街坊路口、被缘石隔断的人行道、重要公共建筑出入口附近等，以便轮椅和残疾人通过（图 6-29）。

第七章　绿色景观网络

教学要求：

通过本章学习，理解和掌握住区中绿色景观网络的分类，景观设计的步骤与设计方法。

问题导航			
分节	核心问题	知识要点	权重
7.1　绿色网络	住区景观网络与城市有何关联性？	开放性	20%
7.2　块状绿地	绿地景观的功能和分类有哪些？	块状绿色规模	15%
7.3　步行景观	步行景观设计的方法有哪些？	步行路宽度	25%
7.4　车行景观	车型景观设计的方法有哪些？	车型路材质、尺度	25%
7.5　场地及其他	场地坡度、铺装、水体及小品运用方法有哪些？	近、中景观的搭配	15%

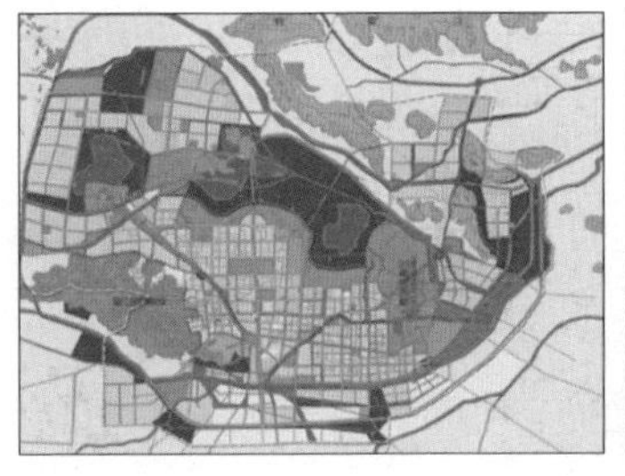

(a)

(b)

图 7-1　城市绿色网络
(a) 淮北城市绿色空间规划；(b) 重庆棕榈泉国际花园景观

(a)

(b)

图 7-2　重庆保利江上明珠住区绿化景观
(a) 仪式功能；(b) 平衡自然生态功能

(a)

(b)

图 7-3　重庆龙湖东桥郡绿化中配备的休闲设施
(a) 绿地中小广场；(b) 绿地中遮阳伞与座椅

7.1　绿色网络

7.1.1　与城市关联

置身于城市环境的住区，同样需要各种样式的绿色空间覆盖人们活动的领域，甚至在人们不去介入的地方也应该设置绿色空间以确保住区空气的清新。更为重要的是住区本身的绿色空间系统应该与城市绿色空间大系统密切关联，城市绿色空间能够均匀地渗透进入住区，使居民从外部场所回到自己家的路途上，能够体验不同类型的绿色空间（图 7-1）。

知识补充

城市空间中包含各类绿色空间，呈网络状，自然渗透到各个角落。人们可以通过道路选择到达各类绿色休憩空间中活动。各种包含点、线及面形态的绿色空间，形成绿色空间网络，支撑人们聚集的建筑群体。

7.1.2　多功能的组织

由于我国住区绿色网络形态和构成的复杂性，使得不同类型的绿色空间所具有的功能和作用也有所侧重。绿色网络主要作用包括：改善生态环境质量，提供游憩活动机会和彰显文化景观等。在规划设计时应注意这些功能的有机结合，同时又有主次之分（表 7-1、图 7-2）。

住区景观的功能　表7-1

分项	内容
生态功能	在住区绿化建设中，维护居民身心健康和维护自然生态应作为绿化的主要功能
休闲娱乐	住区绿化环境是居民休憩、交流、活动的主要场所
景观功能	住区绿化设计既要讲科学性，又要符合园林艺术规律，讲究统一、均衡、韵律等原则，充分运用艺术色彩等

7.1.3　可进入原则

建构合理的绿色景观网络是营造良好居住环境的前提，但是绿色景观仅供观赏是不够的，好的景观设计应该使人能够亲近。只有孩子在草地上玩耍的时候，景观才是充满活力的，这就要求景观网络的设计应与小路、硬地相结合，并适当配以休憩娱乐设施，充分满足人们交往活动的需要（图 7-3）。

7.2 块状绿地

7.2.1 类型组成

住区中的绿地主要类型如表 7-2 所示。

住区绿地类型与内容　　表7-2

类型	内容
公共绿地	居民公共使用的绿化用地。如住区中心公园、小区集中绿地（小游园）、标准单元（街坊）绿地等
公共设施绿地	教育、文化商业等设施绿地，如住区学校、幼托等用地绿化
宅旁绿地	住宅四旁绿地
景观功能	住区内各种道路周边的行道树等绿地

7.2.2 公共绿地

指为住区全体或大部分居民共同享用的绿地，以及老年人、儿童活动场地和其他块状公共绿地。公共绿地应有一个边与相应级别道路相邻；绿化面积（含水面）不宜小于 70%；便于居民休憩和交往之用，宜采用开敞式，以绿篱或通透栏杆作分隔。

1. 居住区公园（中心公园）

住区内为居民服务的公园绿地，常与居住中心结合布置，面积约 3 ～ 10hm^2，通常设有文化、休息、体育等设施。它是城市公园的一种，是住区、城市绿地系统的重要组分（图 7-4）。

2. 小游园（居住小区绿地）

居住小区绿地的布局应充分利用自然地形，在适当的位置，可沿街布置，也可在道路转弯处、小区中心布置，还可贯穿整个小区布置。居住小区绿地服务的主要对象是老人和小孩儿，有不同的空间划分，布局紧凑而又互不干扰。一般人口规模在万人的居住小区应设小区中心绿地，中心绿地应不少于每人 1.0m^2，规模不小于 0.4hm^2，居民步行 5 ～ 7min 能够到达，约 200 ～ 300m 的服务半径（图 7-5）。

3. 标准单元（街坊）绿地

是结合居住建筑组团的不同组合而形成的公共绿地，以休息和儿童活动为主，同时也是宅间绿地的扩大式延伸。若干栋住宅组合成一个标准单元（街坊），每个单元可有一块较大的绿化空间。绿地设置应满足有不少于 1/3 的绿地面积在标准建筑日照阴影线范围之外的要求，并便于设置儿童游戏设施和适于成人游憩活动（图 7-6）。

4. 宅间绿地

包括宅前、宅后以及建筑本身的绿化用地。面积大、分布广、使用率高，对居住环境和城市景观的影响明显（图 7-7）。

5. 公共设施专用绿地

又称公共建筑绿地，指各类服务设施用地范围内的绿地，其布局要点如表 7-3 所示。

(a)

(b)

图 7-4　深圳玖珑湖住区公共绿地景观
(a) 以大尺度草皮为主的公共绿地；(b) 以各类乔木为主的公共绿地

(a)

(b)

图 7-5　深圳雅居乐富春山居小区绿地
(a) 住区内部的小区绿地；(b) 住区入口处的小区绿地

住区专用绿地类型、内容及设计要点　　表 7-3

类型	内容	设计要点
医疗卫生用地	医院、门诊等	注重半开敞空间与自然环境（植物、地形）结合，形成良好的隔离条件。其专用绿地应阳光充足，环境优美，院内种植花草树木，并设置供人休息的座椅，道路设计采用无障碍设施，适宜病员休息、散步
文化体育用地	电影院、文化馆、运动场等	可令各类建筑设施呈辐射状与广场绿地直接相连，使广场绿地成为大量人流集散的中心。用地内绿化应有利于组织人流和车流，同时要避免遭受破坏，为居民提供短时间休息及交往的场所。用地内应设有照明设施、条凳、果皮箱、广告牌等设施，并以坡道代替台阶，同时要设置公用电话及公共厕所
商业、饮食服务用地	百货商店、副食店、饭店等	该用地内的绿化应能点缀并加强其商业气氛，并设置具有连续性的、有特征标记的设施及树木、花池、条凳、果皮箱、电话亭、广告牌等
教育用地	幼托、中学、小学等	设计中应将建筑物与绿化、庭园结合，形成有机统一、开敞而富于变化的活动空间。可用绿化将校园与周围环境隔离，校园内布置操场、草坪、文体活动场地，有条件的可设置小游园及生物实验园等
行政管理用地	居委会、街道办事处、物业管理中心等	设计中可以通过乔灌木的种植将孤立的建筑有机地结合起来，构成连续围合的绿色前庭，利用绿化弥补和协调各建筑之间在尺度、形式、色彩上的不足
其他公建用地	垃圾站、锅炉房、车库等	此类用地宜构成封闭的围合空间，以利于阻止粉尘向外扩散，并可利用植物作屏障，减少噪声，控制外部人们的视线，而且不影响居住区的景观环境

图 7-6　住区中标准单元（街坊）绿地景观

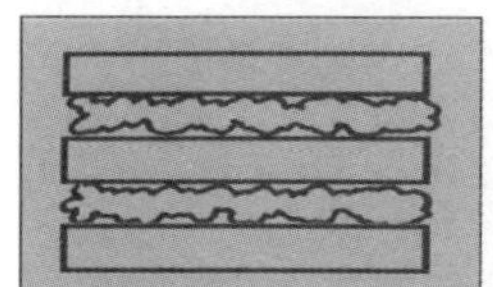

(a)

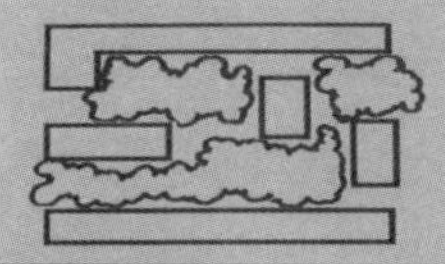

(b)

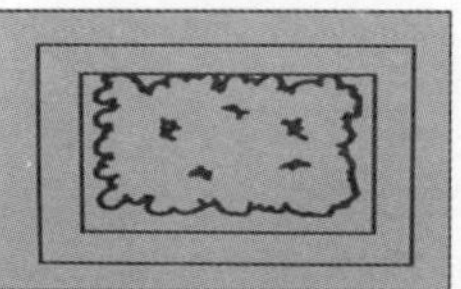

(c)

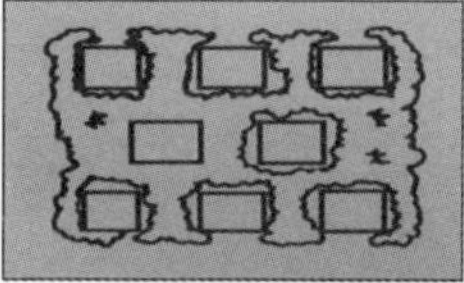

(d)

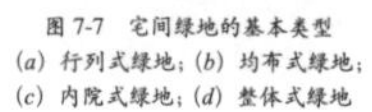

图 7-7　宅间绿地的基本类型
(a) 行列式绿地；(b) 均布式绿地；
(c) 内院式绿地；(d) 整体式绿地

图 7-8　湖南株洲“金城·半岛”小区中心绿地景观　1

7.2.3 布局方式

1. 规则式布局

规则式布局是从整个平面布局特征入手，依据住区中住宅群体的空间形态、步行场地、车行道路及其他水体景观的特点，多采用轴线式、几何图案为母题的方式来设置公共绿地。

案例分析

在湖南株洲“金域·半岛”的中心绿地景观中，其中中心庭园由中轴线上的水廊禅意园和儿童戏水（夏季）旱冰（冬季）两用池、西侧的住户健身岛和儿童乐园、东侧的生态小剧场和住户休闲岛组成（图 7-8、图 7-9）。

2. 自由式布局

自由式布局以效仿自然景观为主，绿地中的各种元素多采用自然、柔顺的自然形态，不追求对称、轴线等严正秩序，自然生动地结合地形地貌，有机地组织构图。

案例分析

“帕提欧”庄园的设计，以营造自然、休闲、生态景观和高品质社区生活氛围为目的。充分利用原有地形地貌，构筑错落有致、层次丰富的特色空间。在景观设计上，软硬景比例为 85%（软）：15%（硬）；并结合各种空间的变化和视线的交汇安排各种垂直绿化和不同季节的花木，以创造丰富的景观效果（图 7-10）。

3. 混合式布局

混合式布局是采用上述两种模式进行组合的模式（图 7-11）。

7.2.4 分级与指标

1. 分级设置

在实际的住区规划中，根据具体情况结合当地居民实际生活需求，以及住宅组群规划组织模式差异，各级公共绿地有不同的组织模式（现行规范的分级方式），二级模式：居住区中心公园——组团公共绿地，小区中心绿地（小区小游园）——组团公共绿地；三级模式：居住区中心公园——小区中心绿地（小区小游园）——组团公共绿地。

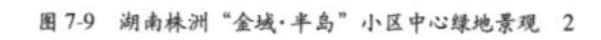

图 7-9 湖南株洲“金域·半岛”小区中心绿地景观 2

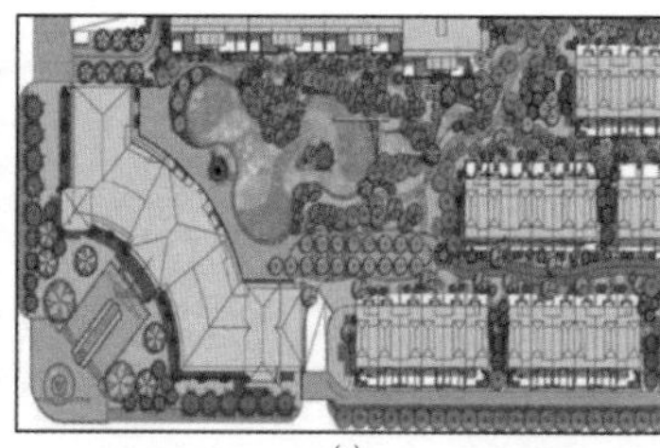

(a)

(b)

图 7-10 北京小汤山镇金科“帕提欧”庄园
(a) 局部平面图；(b) 局部鸟瞰图

(a)

(b)

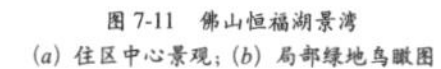

图 7-11 佛山恒福湖景湾
(a) 住区中心景观；(b) 局部绿地鸟瞰图

居住区绿地指标 表7-4

指标	内容	单位
绿地率	住区用地范围内各类绿地总和与居住区总用地的比	%
人均绿地面积	人均绿地面积是依据《测量法》而来，等于住区绿地面积除以住区常住人数	m²/人
人均公共绿地面积	住区公共绿地面积除以住区常住人数	m²/人

注：住区绿地规划面积应占总用地的30%以上（多层30%～40%、高层40%～50%、低层花园别墅>50%）。

居住区绿地分级模式更新 表7-5

规范要求的模式	模式分级	更新的模式
居住区中心公园—小区中心绿地（小区小游园）—组团公共绿地	三级	居住区中心公园—小区中心绿地（小区小游园）—标准单元（街坊）公共绿地
居住区中心公园—组团公共绿地	二级	居住区中心公园—标准单元（街坊）公共绿地
小区中心绿地（小区小游园）—组团公共绿地		小区中心绿地（小区小游园）—标准单元（街坊）公共绿地

住区中人均公共绿地指标的更新 表7-6

规范要求		革新的方面	
级别	公共绿地	级别	公共绿地
居住区（含小区与组团）	≥1.5m²/人	扩大规模的居住区	≥1.0m²/人
居住小区（含组团）	≥1.0m²/人	扩大规模的居住区	≥1.5m²/人
居住组团	≥0.5m²/人	标准单元（街坊）	≥0.5m²/人

注：旧区改造可酌情降低，但不得低于相应指标50%。对绿地率要求：新建小区不低于30%，旧区改建不低于25%。公共绿地更新参考日本邻里公园标准数据。

(a)

(b)

(c)

图 7-12 深圳雅居乐富春山居住区
(a) 交通性步行路；(b) 生活性步行路；(c) 交通性步行路兼具停留休闲功能

2. 公共绿地指标

居住区绿地指标包括：人均绿地面积、人均公共绿地面积和绿地率（绿地占居住区总用地的比例）（表 7-4）。

7.2.5 指标的更新

1. 分级设置更新

原因：基于提高住区绿化环境质量。

2. 公共绿地指标更新

现行规范中各级公共绿地指标偏低，如小区级公共绿地指标包含组团级绿地指标，共计为 1.0m²/ 人。从住区生态角度来讲应将这一指标提高。日本邻里公园规模相当于中国小区级游园，服务半径是 500m，人均指标达到 2.0m²/ 人，服务人口达 0.6 万～ 1.0 万人（表 7-5 ～表 7-7）。

(a)

(b)

图 7-13 深圳南沙云山诗意住区
(a) 步行道路，宽度为 1.0m；(b) 绿地间步行路，宽度为 1.5m

日本居住区公园指标　表7-7

种类	人均指标（m^2/人）	服务半径（m）	配置水准
儿童公园（组团公共绿地）	1	250	1小区4公园
邻里公园（小区公园）	2	500	1小区1公园
地区公园（居住区公园）	1	1000	4小区1公园

7.3　步行景观

7.3.1　类型

住区步行景观是指适合人、自行车交通路径所涵盖的景观环境，包括路径穿越的小型广场、绿地、围合或开敞交往空间等元素。这些元素相互作用从而形成完整系统。步行系统是住区中绿色景观网络建构的有机组成部分。步行景观系统强调多样化的空间要素布局以及它们之间的相互作用。步行景观可以划分为两个类别，如表7-8所示。

住区步行景观类型及内容　表7-8

类型	内容
交通性步行景观	满足居民日常活动的步行交通需要，连接建筑与广场、公共绿地等公共节点的线性景观空间。如住宅出入口至主要交通干道、城市公共交通站点间的路径联系
生活性步行景观	在解决居民交通需求的同时，还容纳了居民驻留观光、邻里交流、社会性活动等重要内容的景观屏障

7.3.2　路面设计

1. 行人步道宽度

宽度应当充分预测各个方向人流量及人通行速度。在拥挤程度可以自由确定的情况下，双向步行交通街道和人行道上可通行密度的上限约是每米街宽每分钟通行10～15人，如果密度继续增加就可以观察到步行交通明显地趋于分成两股平行的逆向人流。当步行者最后不得不沿道路边侧才能通行时，活动的自由就受到了限制。这样的状况显然是不合理的步行道路宽度设计导致的（图7-12、图7-13）。

2. 步道路面材料

路面材料应当适宜人步行（图7-14）。卵石、沙地、疏松石子和不平整地面都不适宜步行，而且人们也不愿意在潮湿及过于光滑的地面上行走。所以，在确定步行路线时要提供舒适美观的路面，鼓励行人按此路线行走，同时也要设置行走起来较困难路面，以防行人抄近道。此外，要注意路面安全，注意防滑，尤其是斜坡。路面材料使用还要综合考虑色彩、形状、大小以及拼法等要素。

3. 路面高差设计

行人步道中的少许高差会增加步行者在空间中的乐趣，但人们倾向于少走踏步，所以除非高差变化小，且周围景观较好，否则应尽量避免使人向上或向下步行。若无法避免时，则应当注意到：坡道比踏步更受欢迎，且还需考虑到婴儿车及残疾人因素，必须设置坡道。设计踏步时要做到人可以很容易行走，一段过长的踏步中间要有休息平台。踏步与坡道的结合，往往会产生美妙效果（图7-15、图7-16）。

4. 多样化的平面布局与丰富的空间层次

步行体系的平面布局形式是多种多样的。有穿通式、庭院式及二者复合式等。同样，丰富的空间层次会带给商业步行街空间以活力，通过空间变化、内外空间渗透、空间立体式发展及秩序组织等形成丰富景观给行走其中的人们步移景异的新奇感受（图7-17）。

(b)

(a)

(c)

(d)

图 7-14 深圳南沙云山诗意住区步行路的材料

(a) 石材＋面砖为材料的步行道；(b) 以彩色混凝土为材料的步行路；(c) 石材拼花＋面砖为材料的步行道；(d) 白色条石形成的小区步行路

图 7-15 深圳十二橡树庄园住宅前的台阶设计

图 7-16 深圳公园大地小区住宅前的台阶与坡道

5. 环境设施及休息、停留空间

步行空间的环境设施很多包括功能性设施，如电话亭、垃圾桶、路灯等以及提供人们休息、停留、观赏及娱乐健身的设施如坐凳、花架、小品雕塑等（图 7-18）。完善的环境设施及合理的分布是保证步行空间营造良好室外场地的根本。在住区景观环境设施的设计中可以通过多样化的边界来界定空间，如绿篱、一把遮阳伞、地面的高差以及材质的变化。

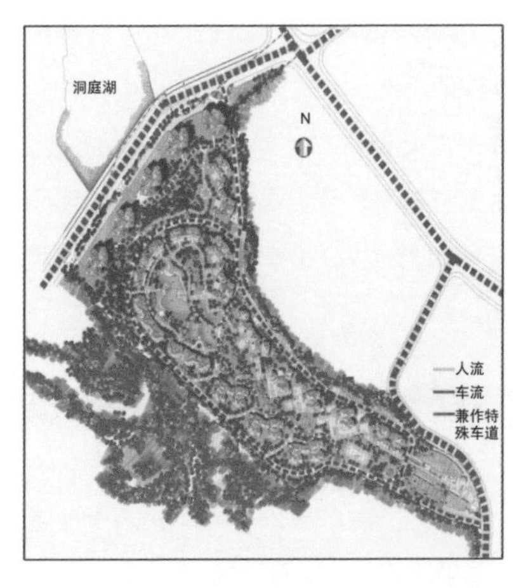

图 7-17 广州市林海山庄流线分析

(a)

(b)

图 7-18 新加坡圣淘沙涛源湾高档公寓居住区景观

(a) 滨水休闲设施；(b) 滨水小品设施

7.4 车行景观

7.4.1 道路绿地

道路绿地是指住区内沿各个级别道路两侧的绿地和行道树。居住区道路没有必要像城市道路那样两旁布置连续的行道树来指引方向。道路两旁的行道树应该区别于城市道路中的树木，应注意以下 3 方面（图 7-19）：

（1）种植应适当后退，方便急救车等设施能够在紧急情况下尽可能地靠近住宅；（2）靠近街道交叉口处种植应结合居民行为，如放宽与交叉口距离、增设休闲设施；（3）种植树种可多样化且种植形式灵活自然，与两侧的建筑物或其他设施相结合，形成疏密相同、高低错落、层次丰富的景观效果。

7.4.2 路面减速设计

住区中具体的路面减速的方法包括：

1. 改良道路平面线形

充分结合原有的地形地貌通过改变道路平面线形优化道路，如可以将住区道路的十字路口变窄，使用较小的路缘半径，采用折线形道路以减缓车速（图 7-20、图 7-21），也使外来车辆因线路曲折不愿进入从而达到控制车流的目的，同时折线形道路对居民而言趣味性更强。

2.“驼峰”设计

设计中可利用地面局部凸起的“驼峰”迫使车辆减速，通过不同地面材料变化暗示车辆进入的空间性质。如从人工化沥青路面到自然型的毛石路面，具有减速作用。

3. 边缘设计

明确车行路界限的方法重点在于对车行路边缘的处理，可利用高差不一，软质地面与硬质地面的差别，与车行路面不同绿地或色彩标识等方法（图 7-22）。

在车道转弯之处采用粗糙的材料布置一些有利于住区交通安全和环境安静的细节处理，如路缘石大转弯半径用于机动车紧急转弯，紧急转弯半径用于降低日常交通速度。路缘石可以确保行人安全，进行交通引导，保持水土，保护种植，区分路面铺装，边沟用于道路或地面排水（图 7-23、图 7-24）。

(a)

(b)

图 7-19　深圳星河·时代住区道路景观
(a) 组团入口道路；(b) 入户道路前道路绿化

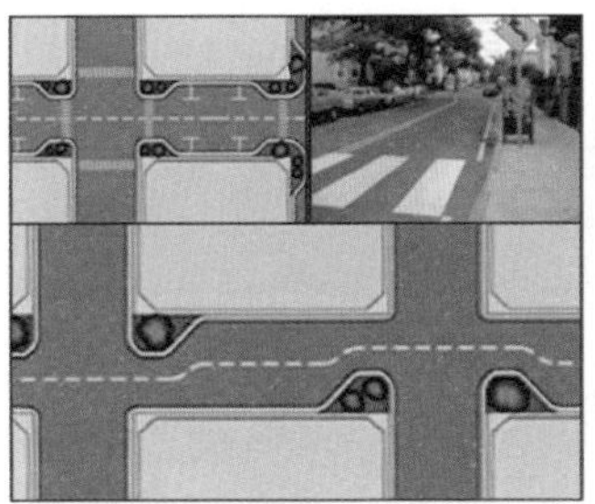

图 7-20　折线形道路起到减速作用

图 7-21　住区道路中采用不同的材料表达减速区域

图 7-22　雅特住区道路种植与绿地相结合

图 7-23　住区道路边缘不同的材料配合

图 7-24　道路边不同材料铺设的路缘石

地形坡度与使用		表 7-9
分级	坡度（%）	使用
平坡	0～2	建筑、道路布置不受地形影响，坡度小于 0.3% 时应注意地面排水组织
缓坡	2～5	建筑宜与等高线平行或斜交布置，若建筑垂直于等高线时，建筑长度不宜超过 50m，否则应结合地形做错层或跌落处理，非机动车道尽可能不要垂直于等高线布置
	5～10	建筑最好与等高线平行或斜交布置，若建筑垂直于等高线或与等高线大角度斜交时，应结合地形做错层或跌落处理，车道有坡长限制
中坡	10～25	建筑应结合地形设计，道路要与等高线平行或斜交迂回上坡，人行道如与等高线呈较大角度斜交（坡度超过 8%）一般做台阶
陡坡	25～50	因施工不便、工程量大、费用高，一般不适合作为大规模开发的城市居住用地，建筑与道路必须结合地形规划设计
急坡	>50	一般不适合作为城市住区建设用地

7.4.3 路面材料

住区内车行路一般采用沥青路面，宅间路与车行路交接处铺设红色水泥砖。图 7-25 中，图（*a*）在车行路与步行路交接处亦可采用碎石子铺装，既可有效降低机动车速度，也起到标识作用，住区的地下车库出入口等特殊地段也可采取具有防滑、警示作用的铺装材料。

7.5 场地及其他

7.5.1 活动场地

1. 地坪竖向设计

绿色景观网络中，一个重要的部分就是网络的基底，即通过景观设计塑造美观、有个性的住区地坪变化。地坪设计的成败决定了一个住区绿色景观网络的基础。当然，地坪设计不仅是为了解决场地中各类管线出入口的衔接、地面排水的组织，还会对住宅的布局产生影响（表 7-9）。

(*a*) (*b*) (*c*) (*d*)

图 7-25 绿城杭州翡翠城内部道路
(*a*) 沥青路面；(*b*) 灰色碎石；(*c*) 红色水泥砖；(*d*) 车库出入口警示

2. 交通性地面

为了防止车进入广场，一般会利用铺装的质感、色彩、构型以及高差的不同进行铺装的边界设计，使人与车分流。

知识补充

住区场地的铺装图案应以小型精致的铺装构图为主，且设计不能一味追求构图，而忽略了周边环境景观的融洽性。路面铺装的图案能够给人以方向感，使居民在休闲广场中容易确定方向和方位。再者，地面铺装会给人以心理暗示，可以增强广场空间的识别性，引导人们通往车行或人行道。

(a)

(b)

图 7-26 住区道路铺装

(a) 承载机动车交通功能的路面铺装；(b) 承载步行功能的路面铺装

3. 休闲活动场地铺装

人们在居住区中进行各种活动都离不开地面铺装作载体。住区中的硬质铺地通常用于区分公共区域和特定区域，如为了突出住区中休闲座椅的领域空间。较浅颜色的铺装适合于大面积场所（图 7-26、图 7-27）。

(a)

(b)

图 7-27 住区中休闲活动的铺装

(a) 绿化间杂的铺装；(b) 色彩斑斓的铺装

知识补充

设计要点：休闲广场人流量较大，铺装需要耐磨，因此要选择质感粗、挺的铺装材料。有些休闲广场可通车，铺装应选择材质较硬的花岗岩材料等。

4. 景观装饰场地铺装

广场铺装要与周边绿化、建筑、设施等形成整体以提升住区品质。由于不同类别住区休闲广场面积不同，铺装应选取不同尺度的材料，利用粗犷或细腻的质感来表现广场的品质。图 7-28 是深圳的八十步海寓住区，占地面积 36000m^2，是一个将轻松的滨海居住生活和便捷高尚的商业模式融入拥有山、海、湖资源的度假公寓。

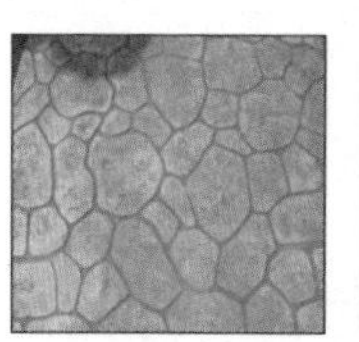

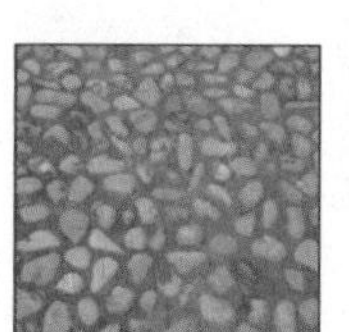

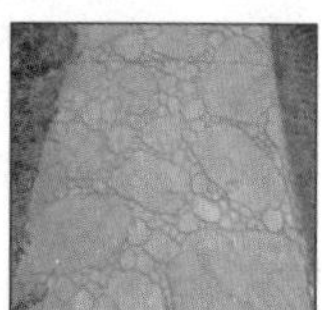

(a)

(b)

(c)

图 7-28 八十步海寓住区硬质铺装

(a) 不同材料质感；(b) 大尺度广场铺装；(c) 小尺度广场铺装

(*a*)

(*b*)

图 7-29　深圳公园大地住区水体景观
(*a*) 小区中心水体景观；(*b*) 住区沿路水体景观

(*a*)

(*b*)

图 7-30　深圳万科金域蓝湾水景
(*a*) 鸟瞰效果；(*b*) 近水体景观

(*a*)

(*b*)

图 7-31　圣淘沙海岸住区中多样化水景
(*a*) 水体穿越建筑；(*b*) 尺度较大的水景景观

7.5.2　水体景观

1. 结合场地条件

在住区中设计水体景观，可以形成生机活泼的居住环境。水体景观应结合场地气候、地形及水源条件进行设计。南方干热地区应尽可能为居民提供亲水环境，北方地区在设计不结冰期的水景时还必须考虑结冰期的枯水景观（图 7-29）。

2. 多样化布置

水景设计时应该遵循原有自然生态景观、自然水景线与局部环境水体的关系，正确利用借景、对景等手法，充分发挥自然条件，形成纵向景观、横向景观和鸟瞰景观，融合住区内部和外部的景观元素，创造出新的亲水的居住形态（图 7-30）。

3. 适合的尺度

目前在居住区景观环境的建设中，盲目追求水体的大面积、多形态正在成为一种风气。实践证明，片面的追求大面积、多形态人工水体会带来水质不洁、渗漏及维护费用过高等问题。一些小区为了节省开支，平时将水抽干，只在节日使用，反而破坏了住区的整体景观效果（图 7-31）。

7.5.3　住区小品

住区小品按照其功能可以分为：建筑小品、公共设施小品和娱乐设施小品。几种小品的使用特征如表 7-10、图 7-32 所示。

住区小品类型与功能　　表7-10

类型	功能	设计要点
建筑小品	满足环境实用功能，具有装饰环境作用，从属某一空间小体量建筑	建筑小品既有造型创意和空间结合的美感要求，又有技术上的结构要求
公共设施小品	既有使用功能，又有装饰功能和控制功能	种类较多，如垃圾箱、标识牌、座椅、构架物、壁画、电话亭、灯具等
娱乐设施小品	有小马跷跷板、秋千、滑梯、爬杆、爬梯、绳具、转盘等健身设施	为12岁以下儿童所设置，设计时注意考虑儿童身体和动作基本尺寸，以及结构和材料安全保障

7.5.4　植物配置

1. 种植原则

住区中植物种植应该考虑生态、景观、地方性及使用几个方面的因素，如表 7-11 所示。

2. 设计要点

（1）要防止有毒的、有刺的植物对人造成伤害，尤其是儿童几乎会到住区的每一个角落玩耍，而他们的自我防备性又是比较差的。如漆树、夹竹桃等就不适合在住区中随意栽植（图 7-34）。

住区植物配置影响因素　　表7-11

影响因素	设计要点
生态角度	植物的选择应对人体健康无害，有助于局部生态环境改善，对生物多样性有利
景观方面	植物的选择和配置应考虑景观配置的多样化。形成植物多样性、生态多样性，体现四季有景，三季有花的生态园林景观（图7-33）
地方性方面	居住区地方性特色主要体现在，秉承地方历史文脉，植物造景应具有明显的地方特色
使用方面	植物的选择应该能够给居民提供适当的户外活动空间

(a)

(b)

(c)

图 7-32　成都 MIC 住区
(a) 建筑小品；(b) 景观小品；(c) 休闲游戏设施

(a)

(b)

图 7-33　深圳公园大地住区植物种植
(a) 宅前绿化多层次种植；(b) 深色植物——红草近观

(a)

(b)

图 7-34　深圳公园大地住区植物种植
(a) 树池绿化种植；(b) 主要植物——红背桂近观

(a)

(b)

图 7-35　深圳半岛·城邦住区绿化种植
(a) 乔木＋树池形成围合空间；(b) 较大尺度的绿篱布置

（2）为减少交通噪声对居民日常生活的影响，车行道与住宅、公共活动场地、休闲绿地之间，应密植高低搭配的灌木和乔木防噪。

（3）应结合日照通风进行植物配置。在住宅的西窗外种上高大的阔叶树可以遮挡夏日的暴晒，而在南窗外植树就要离开一定的距离以免影响通风和采光。面向夏季主导风向一侧应保持敞开，寒冷风大地区应在面风一侧密植大树以阻挡寒风。

（4）在进行绿篱设置时，不同景观要素应起到围合、分隔和遮挡场地作用（图 7-35），也可作为雕塑小品的背景。绿篱以行列式密植植物为主，分为整形绿篱和自然绿篱：整形绿篱适合于低矮灌木，宜于人工修剪，而自然绿篱则选用体量较为高大的植物。

（5）公共建筑与住宅间宜设置隔离绿化，多用乔木和灌木构成绿色屏障，以保障局部空间安静。

第八章　住区的价值判断

教学要求：

通过本章学习，建立住区风貌的审美判断标准，掌握塑造住区风貌的设计基本方法。

问题导航			
分节	核心问题	知识要点	权重
8.1　传统住区的风貌	传统住区中值得借鉴的设计手法有哪些？	韵律、比例	15%
8.2　视觉的个性特征	从宏观角度塑造住区个性特征的设计方法有哪些？	遵从文脉	20%
8.3　强化环境印象	塑造住区的识别性与归属感的基本方法有哪些？	利用地形	25%
8.4　风貌内容	从微观角度塑造住区个性特征的设计方法有哪些？	地标建筑	15%
8.5　设计常识	设计中应该避免的设计手段有哪些？	避免空间廊道	25%

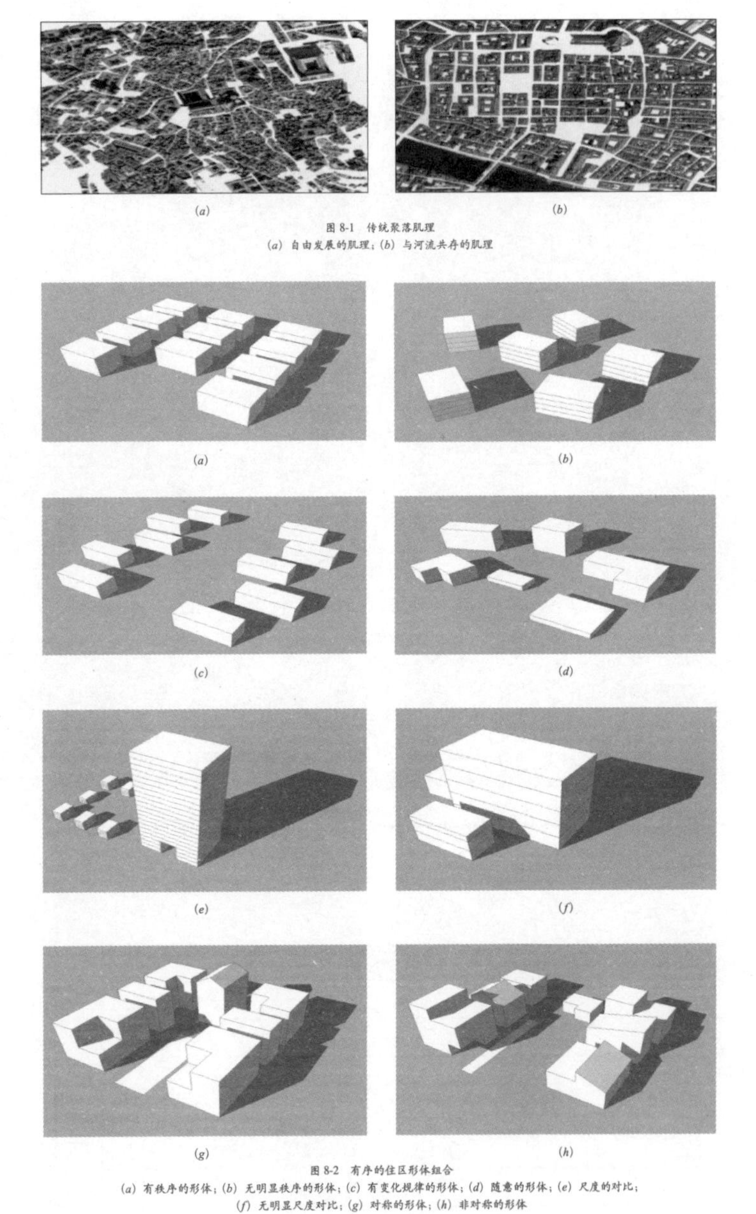

图 8-1　传统聚落肌理
(a) 自由发展的肌理；(b) 与河流共存的肌理

图 8-2　有序的住区形体组合
(a) 有秩序的形体；(b) 无明显秩序的形体；(c) 有变化规律的形体；(d) 随意的形体；(e) 尺度的对比；(f) 无明显尺度对比；(g) 对称的形体；(h) 非对称的形体

8.1　传统住区的风貌

8.1.1　自然生长的住区

传统城市发展造就了自然发展的居住环境，这类环境的特征是：拥有一系列尺度宜人的空间，在空间中存在各种不同要素，整体看上去复杂无序，但是个体与整体依然协调。夏普（Sharp，1968）对于自然发展的居住环境的描述是“差别巨大的变化并不多，更多的是在同类建筑之间的变化，在已确立的节奏关系中的变化，在相似和广泛统一的特性间的变化”（图 8-1）。

知识补充

住区风貌，即人们对住区空间的审美评价。例如，在狭窄用地上如何安排更多的住户、在有限的投资情况下解决固定数量的住宅、住区发展的每阶段不同的需求、传统的建筑工艺技术和材料的实用性以及规范的限制等。

8.1.2　规律有序的住区

无疑，当前绝大多数的住区开发中，依然存在不同特征的建筑语汇来形成住区风貌，这些对于归类某一个住区很重要。这些当代住区均是采用规律有序的住区风貌，评价特点包含：秩序、统一、均衡、对称、平衡、韵律、对比等（图 8-2）。

8.1.3　向传统风貌学习

传统住区风貌的经验值得我们学习，尤其是关于如何形成多样化空间的诸多做法，值得我们在当下住区规划设计中体会。更为关键的是，我们关注传统住区风貌中 3 个有价值的主题（表 8-1）。

住区风貌的 3 个主题　　表 8-1

分项	要点
个性	形成个性特征空间的特殊途径
印象要素	关注“住区的环境要素及印象”
细节	关注住区风貌的内容，包括建筑风格、出入口、边界、材料等

8.2 视觉的个性特征

8.2.1 利用自然特征

除了选用建筑物进行空间的限定与围合之外，还可以运用乔木或灌木提供一种特殊的住区风貌形式。通过改变树木通常充当的配角角色，成为塑造场所性的主角（图 8-3）。

8.2.2 中、远景层次

传统住区的风貌很普遍的一个特征就是有立体的场景，是由建筑及绿色景观网络形成多个层次。当你站在住区中的某一处望向远方时，除了你眼前的近景外，中、远景层次分明，并且形成围合式完整景象。以住区道路为例，如果局部环境仅仅是由道路、路旁绿地以及建筑组成，会显得普通或是乏味；如果在道路一侧加上具有特色的指示牌、设计一两个装饰草坪灯，增加了中层次景观，如此多层级的空间会让人的注意力分散，感觉到场所特征的存在（图 8-4）。

8.2.3 灵动的天际线

自从现代住区中高层住宅被广泛应用以来，天际线概念开始受到城市管理者和设计师的关注。天际线更多地表现为群体轮廓叠加的结果，其中包含自然地貌天际线（山、水、文物景点等）、住宅建筑以及其他人工构筑物等要素。在靠近城市空间的住区边界中，南北方向的边界应该重点设计，通过设置错落有致的群体轮廓能够与城市空间对话（图 8-5）。

8.2.4 突出和退后

受到容积率和管理便捷等因素影响，住宅外界面通常是连续形式。如建筑过长、过高会对使用者产生尺度巨差带来的不适应。如通过建筑局部变化（层数高低变化或是前后错位），使住宅整体呈现凸凹变化，能有效增加外立面丰富性（图 8-6）。

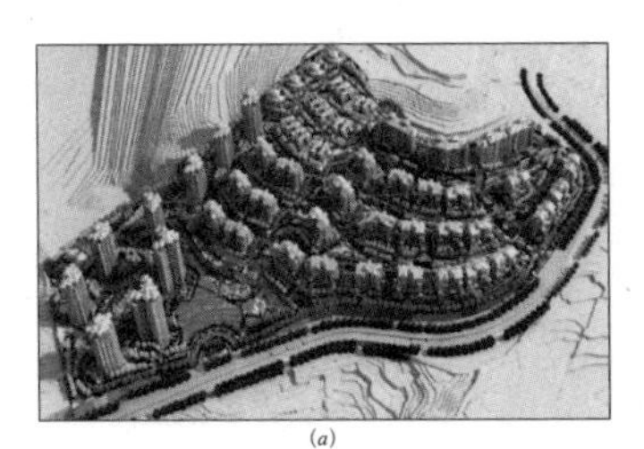
(a)

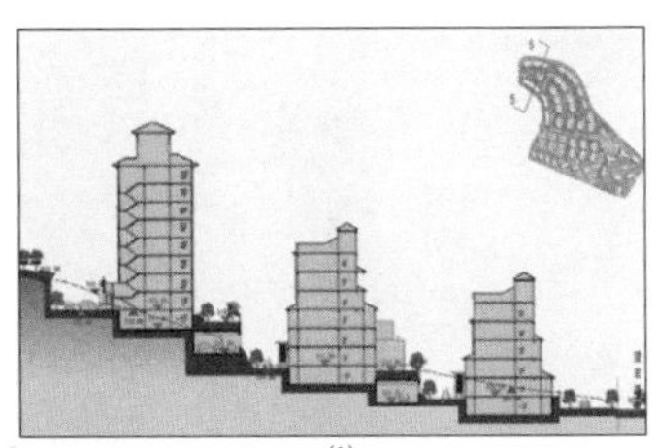
(b)

图 8-3 重庆涪陵宏声小区

(a) 住区鸟瞰图；(b) 住区中住宅建筑与地形结合设置

(a)

(b)

(c)

图 8-4 成都美年美岸住区

(a) 草皮；(b) 路灯；(c) 休闲廊架

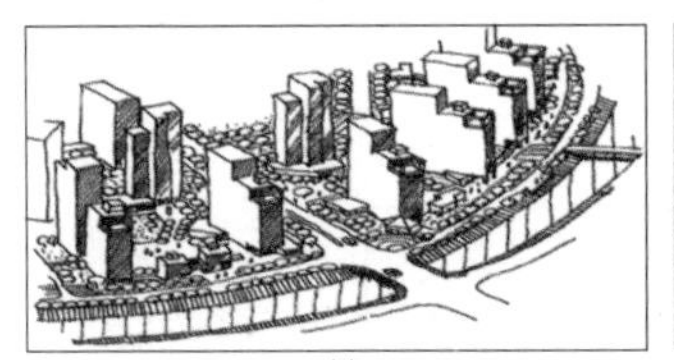
(a)

(b)

图 8-5 住区天际线的变化

(a) 住宅顶部的变化；(b) 面对河流，住宅层数变化后天际线的变化

(a)

(b)

(c)

图 8-6 建筑界面的变化

(a) 后退；(b) 凸出；(c) 穿越

知识补充

选择哪栋建筑进行凸凹的个性处理，应考虑建筑周边环境特征，如在水边、街道一侧等，如此才能主动求变，通过凸出、后退甚至穿越（底层架空）等手段，塑造有个性的场所。

(a) (b)

图 8-7 住区中对景的处理
(a) 传统街道中的建筑对景；(b) 现代住区中的建筑对景

图 8-8 上海新江湾城加州水郡小区入口处住宅山墙

图 8-9 杭州绿城春江花月住区中住宅山墙面上的观景阳台

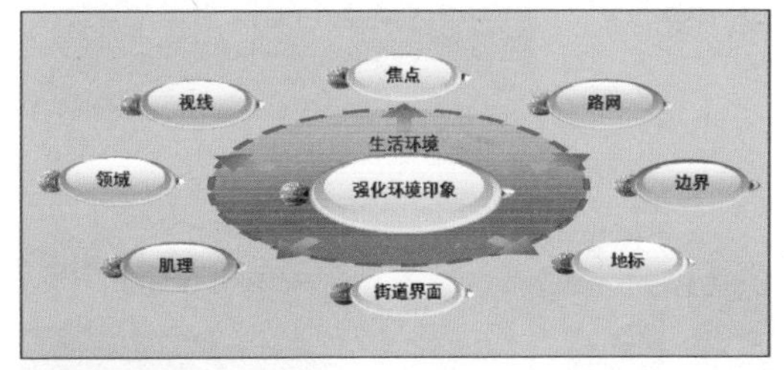

图 8-10 住区环境中的要素构成

图 8-11 “双重庭院”住宅方案

(a) (b)

图 8-12 某住区规划总图局部片区的路网
(a) 总图中弧形路网；(b) 空间形体草图

8.2.5 视觉节点

1. 街道对景

住区主要道路通常是长而直的，配合周边建筑及景观的限定，形成匀质的街道场所。人们行走于其中，速度感会变慢，即形成单调乏味的环境。而在传统的住区环境中，一个地段的建筑总是成组出现，有纪念特征的建筑物总会凸出组群，出现在一段道路的端头，从远处望来，人们可以清晰地感受到街道远处的对景建筑形成的场所感（图 8-7）。

2. 转角山墙

住区入口道路的交汇处会形成转角，当居民经过这些节点的转角时，常常会关注到建筑物山墙面的形象，这些形象往往对人们的视觉影响很大。设计者应将这些特殊环节结合转角处的空间特征，从使用功能、立面构图角度认真分析，创造出有特色的“角落场所”（图 8-8、图 8-9）。

8.3 强化环境印象

8.3.1 环境印象要素

住区规划应该注重环境印象的营造，使居民对居住环境产生认同感，对自己的居住社区产生归属感。设计者应该通过提高住区环境的识别性，创造联系，提高活力，可以考虑的要素有：视线、路网、焦点、界面、领域、肌理和地标等（图 8-10）。

8.3.2 创造特定视线

设计者应避免单调冗长的主通道，如没有显著变化的圆弧形道路（图 8-11、图 8-12）让人不知道哪里是开始，哪里是结束，同时这种道路上会有众多连接至下一级道路的路口，居民很难确定自己在住区中位置，难以快速找到目的地。所以应选择视觉联系性强的主道路，通过 2 ～ 3 种不同方式将路网明确，相互间还应注意统一性，不能差别过大。有时候，有些住宅间的道路布局比较复杂，让初来者难以选择便捷、安全的路径，住区中的公共空间也难以利用。因此，为了帮助居住者能够清晰地辨别方位，意识到正确的归家路线，应该设计特定的路径来保证视线的直接性。

8.3.3 “浅显”的路网结构

延续前文分析，设计者应尽量保证每一栋住宅接近主道路，避免迂回、断头路出现，应做到住区主道路成为每个人回家的路。如果居民离开主道路，还需要 3 个以上拐弯才能到达住所，那么很难让人有清晰的记忆，同时住区环境的安全亲切氛围也会受到影响（图 8-13 中，相比（*a*）图，（*b*）图中人们只需拐较少拐角就能到达目的地）。

知识补充

在很多情况下当地自然地貌会成为与众不同环境特征的来源，人们一直会以地貌为参照来确定自己的方位，因为，设计者在规划浅显路网时，可结合诸如江河、山丘等要素，共同建立明确的道路（图 8-14）。

(*a*)

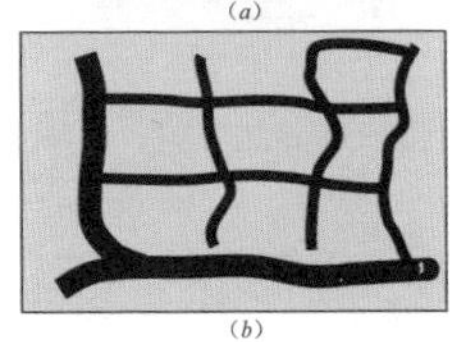

(*b*)

图 8-13 “浅显”的路网与“复杂”的路网对比
(*a*)“复杂”的路网；(*b*)“浅显”的路网

8-14 兰溪市西山寺新农村规划

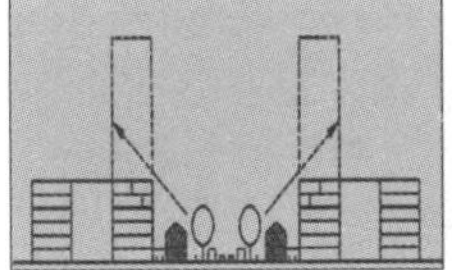

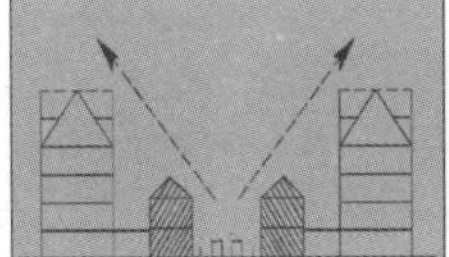

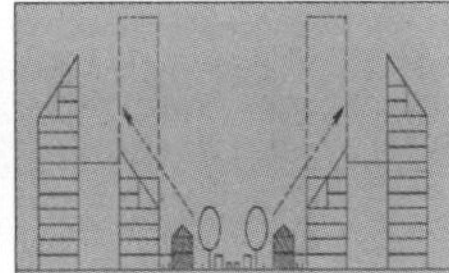

图 8-15 街道界面尺度

8.3.4 恰当的街道尺度

住区中街道的平面和剖面都应该有适合的形式和尺度，以反映它们在城市线性空间系统中的等级。重要街道如居住区级道路应该有较大尺度，路面宽度更大、空间处理更正式，这些道路能够将更多的居住单元连接在一起，成为所在区域的核心通路；同理，仅仅为少数人服务的道路，如居住组团级道路，应该设计为更加宜人的尺度，以更为灵活多变的形式供人使用。另外，住区中街道界面的尺度应贴近居住生活，应区别城市公共建筑区域，通过小体量建筑减少空间尺度，如图 8-15 中减少街道界面的方式。

8.3.5 有个性的“焦点”

焦点是住区中居民能进入的具有特殊意义的点，是外出行程的集中点。在住区中创造有趣味的焦点空间能产生结构性的变化，如小游园、单元中心广场。当然小尺度庭院和非正式娱乐空间应该配合灵活、安静线路，不同街道常会与焦点空间关联。设计者还应该注意街道线性界面与公共节点间的配合和协调。例如，在住区次要道路交界的地方，若是能够通过道路基底材料的变化改变局部环境，节点便显示出具有特殊意义并具有地方特色（图 8-16）。

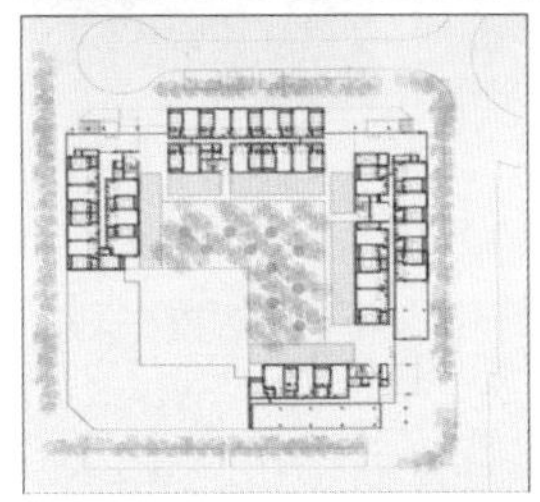

图 8-16 西班牙 Valleca 社会住宅场地景观

(a)

(b)

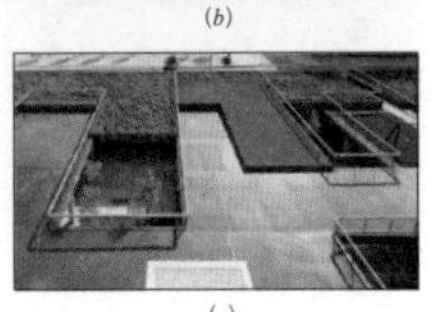

(c)

图 8-17　西班牙马德里 Carabanchel 住区
(a) 鸟瞰图；(b) 公寓；(c) 场地

(a)

(b)

图 8-18　斯洛伐克的 Nová Terasa 住区
(a) 鸟瞰图；(b) 居住单元内部场地景观

(a)

(b)

(c)

图 8-19　波托菲诺纯海岸住区
(a) 住区景观广场上的雕塑；(b) 广场中心；(c) 标志塔

案例分析

波托菲诺纯海岸住区中的标志物，位于入口、商业街中心或景观轴起点等位置，具有较好的地标性。

8.3.6　清晰且可渗透的边界

住区中两个不同部分的边界线在很多情况下表达从一个区域到另一个区域的心理感受，提示居民对“组群”身份的自我认知。设计者应组织相邻单元间的可达性，避免边界成为屏障。因此，住区采用围墙等作为边界，封闭性效果过强（尽管这种做法有安全管理的理由为支撑）。设计者应该从半封闭的单元院落走到住区开放空间，使单元内部的居民体会到进入另外一种身份的感受（图 8-17）。

案例分析

西班牙马德里 Carabanchel 住区中群体布局被压缩到基地一边，建筑的东、西和南面视觉效果最优，建筑也获得了好的朝向。此布局定义了边界，模糊了建筑的内部和外部。

8.3.7　亲切的居住领域

居住生活中相对均质、稳定的区域空间让人们的各种行为正常进行，儿童们在邻里院落中自由地奔跑玩耍，老人们在阳光下安静的下棋。住区中的院落、出入口处空间、中心花园等区域空间设计体现出对居住生活行为的匹配度（图 8-18）。

案例分析

斯洛伐克的 Nová Terasa 住区规划中：建筑群有着统一的简洁而清晰的外形和颜色，同时每个建筑单元又独具特色。首先，每个建筑单元的首层都各不相同；其次，其顶层构造也有很大差别，不同的顶层结构反映了不同类型的建筑体，并带来不同的露台和视野。

8.3.8　回家的路——地标

设计者应通过营造开放的“都市核心路”、“商业街”、“回家的路线”等手法实现具有地标性的、具有城市生活的住区。例如可通过增强住区中设施的可识别性，包括特殊造型的街灯、街道家具，入口、商业街、景观中心或景观轴线上的标志性“塔”（图 8-19）使其成为地标……

8.3.9 尊重街道肌理

尊重地貌环境。包括机动车道、步行道等在内的住区道路，设置包括住区中可能存在的河道等通道（Path）相互联合，构成交通网络，这有助于住区方向感形成。清晰明确的通道与自由、渗透性强的次要通道是通道网络设计的关键点。对传统住区规划模式的反思的一个重点就是原有的封闭住区割裂了城市肌理。城市生活和住区生活本属一体，过分强调居住单元的私密性，再加上住区规模的巨型化，势必破坏了原来的城市街道肌理。设计者应该从居民生活行为的连贯性考虑，允许城市支路和次干道穿越住区，尤其是对原有区域具有历史意义的老街，应该采取保留再利用的态度进行规划设计（图 8-20）。

8.4 风貌内容

8.4.1 建筑风格

当人们看到一所住区时，有可能首先被其中的住宅建筑风格所吸引，进而做出自己的直观判断，判断的依据主要是建筑屋顶、开窗、窗扇划分及玻璃颜色等要素。这些细节设计将会牵扯到多种建筑施工技术，如建筑外墙面砖拼贴方式等。设计者在进行住区规划时，应该考虑如何有效地运用这些细节。

8.4.2 住区出入口

1. 出入口

出入口标志着从外部的非本居住空间到本属地空间的转换，它强调的是相邻空间的区分与界定，出入口按出行类型划分为步行出入口、车行出入口和辅助出入口；按限定程度划分为封闭型出入口和开放型出入口（图 8-21、图 8-22）。

(*a*)

(*b*)

(*c*)

(*d*)

图 8-20 韩国济州岛绿地汉拿山小镇建筑细节与景观
(*a*) 不同形式窗划分；(*b*) 不同颜色的墙面；(*c*) 不同质感的墙体；(*b*) 集合绿化的屋顶

图 8-21 江苏扬州市莱茵苑小区主出入口道路景观

图 8-22 德清香缇湾主出入口道路景观

案例分析

住区一般设两个或两个以上出入口，主路连接出入口，线路不宜太直、太宽畅，应结合住区地形采取迂回曲折形式。如此道路出现转折点会使驾驶者自觉降低速度，从而避免因快速行驶可能出现的安全事故。设计者可以通过设置构筑物、绿化等方式烘托环境，不仅使本住区居民能够有安全亲切感，更重要的是并不完全排斥外来人员。

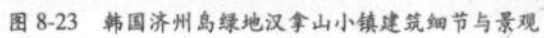

图 8-23 韩国济州岛绿地汉拿山小镇建筑细节与景观

图 8-24 成都绿地圣路易住区——住区入口

图 8-25 杭州绿城春江花月住区各出入口

(a)

(b)

图 8-26 杭州绿城春江花月住区中浅色石材＋深色玻璃窗
(a) 住宅山墙石材；(b) 住宅裙房与高层主体的材料配合

2. 设计要点

（1）大尺度构筑物或绿化。这种手法一般用于居住区主要出入口，住区主要出入口一般由围墙、栅栏、管理用房及大门组成，如图 8-23 所示。

（2）门洞和过街楼。这种形式更接近于通常印象中“门”的形象，对人的引导性较强。

（3）地面标志物。常用于住区外部空间中不同功能场所的转换处，不同类型、程度的空间转换采用不同尺度、材料、颜色的标志物，出入口限定强度也随之不同（图 8-24）。

（4）踏步。在不同地面标高的场地之间用踏步相连也能起到暗示出入口的作用。

（5）铺地。不同空间采用不同铺地，在空间转换处地面采用新铺地形式，也是常见方法。

3. 不同尺度的出入口

由于功能分区及流线的不同，住区出入口需结合所在地段特点进行设计，图 8-25 显示了杭州绿城春江花月住区的 4 个出入口，每个出入口形成了不同尺度的住区风貌。

8.4.3 硬质表面

有些地区可能倾向于使用某一种特定建筑材料，是因为这种材料在当地易于获取，或是这种材料适合住区文化审美要求。房地产开发商绿城集团开发的住宅，以高档瓷质面砖和天然石材构成外立面主体，配合深色或无色玻璃外窗营造出新古典式构图，这些要素已经成为“绿城风格”代名词（图 8-26）。

案例分析

杭州绿城春江花月住区隔滨江大道与钱塘江紧密相连，住区规划充分考虑了每一户人家与江景的关系。住宅建筑采取底层架空、大开间浅进深及双景阳台等形式，并采用景点建筑外装材料构成“绿城风格”，使得江、绿和房等要素和谐共处。

8.4.4 住区边界

不同的时代塑造不同的审美文化。我国早期的单位大院的围墙通常选用带有装饰孔洞的实墙面，随后的住区多采用透绿栏杆，当前更多的小区是在透绿栏杆基础上增设景观绿化、小品等方式。住区边界材料可以结合所处区域风貌，选择风貌一致的透绿设施（图 8-27）。

案例分析

江苏常州新城首府规划将河流、小区内道路、景观、会所、围墙相连，更将基地整体抬高，四周种植大树，将噪声完全阻隔在外，住区边界石材与建筑协调一致，将合院建筑空间模式与现代高层建筑排布融于一体，真正体现了“中而不古，新而不洋”的新建筑风格先进理念。

(*a*)

(*b*)

图 8-27 住宅 – 围墙材质协调一致
(*a*) 江苏常州新城首府住区围墙石材；(*b*) 大连金地檀溪住区围墙与住宅材料相互配合

8.4.5 街道家具

住区街道家具是指设置在道路环境中的灯柱、花盆、短柱、栏杆、自行车停靠架、交通标志、座位、邮箱及垃圾箱等设施。设计者需要精心选定基本颜色和风格，塑造具有地方特色的居住环境（图 8-28）。

案例分析

在规划布置这些设施时，设计者应注意：（1）依据道路功能设置设施位置，避免和街道行为发生矛盾；（2）在组合这些不同类型的设施时，应注意层次性，注意不同样式的设施应搭配设计；（3）成组的游乐设施，比如座椅、邮箱等应设置在居民较多的步行环境节点，以提高使用效率；（4）垃圾箱的设置应相对独立，结合绿化景观设置。

(*a*)

(*b*)

(*c*)

图 8-28 万科悦府住区景观小品
(*a*) 休闲院落；(*b*) 步行道路中的水景；(*c*) 住区中的花坛、灯柱及矮墙

8.5 设计常识

8.5.1 慎用空中步道

人车分行是 20 世纪六七十年代住区规划的主导思想，设计师将步行和机动车道垂直分离，将居民置身于空中步道。这种典型做法一方面因耗费极大的资金来设置楼电梯、坡道等交通设施而难以广泛推行；另一方面这种效仿某些博物馆类公共建筑外部交通的做法迫使人们爬上空中步道，会对 2、3 层住户采光产生影响。因此，在住区道路设计中不宜选用这种方式（图 8-29）。

(*a*)

(*b*)

图 8-29 四川成都天悦住区中的连廊与步道
(*a*) 空中连廊；(*b*) 步道

图 8-30　深圳公园大地中心的几何型路网及景观

(a)

(b)

(c)

(d)

图 8-31　可攀爬的建筑
(a) 沿街透视；(b) 不同平台结合了绿化设计；(c) 各层露台之间的距离很小；(d) 各层露台尺度不同

8.5.2　减少图案式设计

1. 图案绿化及场地

早期运用的集合图案式、宫廷式园林景观不适合现代住区的生活环境。在住区规划时，不应选择缺乏生活意义的、只是单纯地追求平面图案构图的绿化景观或场地。这种构图很难和居民的行为活动联系起来，没有实际价值（图 8-30）。

2. 图案式步行路

住区步行路网是依据建筑布局情况设定的，不仅给居民提供丰富的外部环境，而且步行路一侧的停留空间满足了居民的交往。而图案式步行路网不能适应人的行为，因为过于复杂、迂回的步行道容易让人心烦意乱。

8.5.3　防止设计能攀爬的建筑

在住区设计中设计者应避免附属建筑、走廊、车库等构成可以攀爬的通道，这样会产生严重的安全隐患（图 8-31）。

8.5.4　慎用背街小巷和地下通道

当前各自为营的管理制度使得各住区间存在毫无生气的背街小巷。这种街巷两侧一般多为僻静、少人活动之处，至多被利用为临时停车场，这种情况增加了住区安全的不确定性（图 8-32）。

为了提高居民在住区中的通达性，有时候设计者会采用地下通道来解决问题（图 8-33）。这种地下通道有时是基地地貌的限制，有时是出于追求人车分流时的考虑。如果地下通道能够被高频率的使用，且不存在安全问题则是可行的，但是如果这种地下通道远离公众视线的监督，就会让居民产生不安全感。总之，在当前住区实践中，较少情况下会采用地下通道这种手段，而更多的情况是采用局部人车分离、局部人车混行的交通模式。

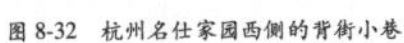
图 8-32　杭州名仕家园西侧的背街小巷

图 8-33　采用地下通道的住区

(*a*)

(*b*)

图 8-34　封闭住区

(*a*) 杭州紫名巷成为紫桂花园和名仕家园间的断头路；(*b*) 紫桂花园和名仕家园各自的围栏与城市道路隔离

8.5.5　避免住区封闭

封闭的住区一方面割裂了城市原有的道路肌理，使街道的通勤效率越来越低，交通阻塞时常发生；另一方面，住区本身配套的商业设施基本上面对城市过往人流，住在小区另一端的居民很少会用到，致使生存状况不佳。设计者在进行住区规划时，应允许城市支路和次干道的穿越，有机的组织住区商业设施，使居住小区转向居住街区（图 8-34）。

第九章　教学程序

教学要求：

本章是本课程在浙江工业大学建筑系的教学实践介绍。

问题导航		
分节	核心问题	权重
9.1　教学计划	教学时间与内容的合理配置。	15%
9.2　设计任务书	容积率等指标。	20%
9.3　实地调查	明确调查的目的和基本方法。	25%
9.4　快速设计	培养学生快速理解设计题目并控制设计时间。	15%
9.5　作业成果	图纸的完善程度至关重要。	25%

9.1 教学计划

依据教学大纲和具体学情，居住区规划设计的教学计划如表 9-1 所示，教学计划安排如表 9-2 所示。

9.2 设计任务书

9.2.1 标准单元（街坊）设计。

1. 题目

住宅标准单元（街坊）设计

2. 时间

教学周 1 ～ 8 周，计 40 学时。

3. 项目位置及概况

设计拟选定杭州市朝晖地区 3 个地块，建设规模、规划要求、周边环境及规划控制指标详见地形图（图 9-1）。

（1）收集现状资料，从城市与生活角度对居住区现状进行调查分析；

（2）提出标准单元（街坊）道路交通布局，确定住宅布局形式等；

（3）根据使用者需求设计住宅户型，并进行群体组合；

（4）布置公共服务设施，结合本地居民生活特征，考虑公共活动场地。

居住区规划设计教学计划 表9-1

<table>
<tr><td colspan="3">开设安排</td><td colspan="5">共1学期，第8学期</td><td colspan="4">考核方式</td><td colspan="6">考察</td></tr>
<tr><td colspan="3">专业班级</td><td colspan="5">建筑学四年级</td><td colspan="4">采用教材</td><td colspan="6">自编讲义</td></tr>
<tr><td colspan="3">实践调查时数</td><td colspan="5">10</td><td colspan="4">计划内容及时数</td><td colspan="6">72</td></tr>
<tr><td colspan="18">本期教学进程</td></tr>
<tr><td>周次</td><td>1</td><td>2</td><td>3</td><td>4</td><td>5</td><td>6</td><td>7</td><td>8</td><td>9</td><td>10</td><td>11</td><td>12</td><td>13</td><td>14</td><td>15</td><td>16</td><td rowspan="2">针对作业的师生互动时间另行商定</td></tr>
<tr><td>内容</td><td>—</td><td>—</td><td>—</td><td>—</td><td>—</td><td>—</td><td>—</td><td>○</td><td>—</td><td>—</td><td>—</td><td>—</td><td>—</td><td>—</td><td>—</td><td>○</td></tr>
</table>

注：“—”课堂教学；“○”大型作业。

居住区规划设计教学计划安排 表9-2

周	日期	教学内容	平时成绩	备注
第一周		集中授课		居住区理论、案例、任务书及调研讲解
第二周		小组调研		
第三周		调研汇报	记录点1	计平时成绩
第四周		住宅户型设计		
第五周		住宅户型优化	记录点2	A3草图拍照或扫描，计平时成绩
第六周		单元（街坊）设计构思		
第七周		单元（街坊）设计深化		
第八周		单元（街坊）设计成果提交		于周末由组长交至各任课教师
以上为住宅标准单元（街坊）部分				
第九周		住区总图构思设计		
第十周		住区总图快题设计		
第十一周		讲评总图快题设计	记录点3	A1草图拍照或扫描，计平时成绩
第十二周		户型选择与优化		
第十三周		规划方案深化		
第十四周		规划方案深化	记录点4	A3草图拍照或扫描，计平时成绩
第十五周		规划设计方案完善		
第十六周		提交成果，作业讲评		于周末由组长交至各任课教师

图 9-1 地形图

知识补充

本次课程设计选址位于杭州市朝晖街道，朝晖街道地处下城区中心区块，面积 3.03km²，总人口 10.6 万人，下设 14 个社区。辖区交通便利，商贸云集，综合配套设施完善，是目前杭州市面积较大、人口最多的街道之一。

标准单元（街坊）设计要求　表9-3

分项	内容	要点
单元调研	从城市设计角度对标准单元（街坊）生活进行调查、收集资料	
使用者需求	可以老年人、白领等为适用对象（也可实地调研后自行确定）	延续杭州老城区道路肌理
住宅建筑	在划定范围内将现存的多层建筑拆除，重新设计居住区标准单元（街坊）：建筑层数大于6层，宜以1梯2～3户为主；建议户型配比：80～90m²占50%，90～110m²占25% 120～140m²占25%，各户型比例浮动不超过10%，如有特殊构思可调	设计适合于特定人群的住宅户型
服务设施	在设计中考虑适当服务设施——小型菜场	注重现代生活
经济指标	地块主要经济指标参见CAD图纸；设计中其他的技术指标及要求均参照杭州市城市规划管理规定	
其他	住宅日照间距、停车位按杭州市城市规划管理规定计算	

标准 单元（街坊）成果要求　表9-4

分项	内容	图纸比例
效果表现	整体鸟瞰图1张，街景透视及局部透视图若干张	
总平面图	用地方位和比例，建筑层数、使用性质，主要道路及转弯半径、停车位（地下车库和建筑底层架空部分用虚线表现出其范围）、广场、绿化及铺地等	1：500
套型	套型平面按1：100比例绘制，图中应注明各房间的功能和开间进深轴线尺寸，并要清晰表达家具布置图，考虑套型的可变性问题。规划图中的所有不同类型的套型平面均应表现	1：100
住宅立面	3～4个、剖面1～2个	1：200
基本单元	平面图和空间透视图，平面图上应详细表达道路、室外广场、铺地、树木、草地、小品的基本形式等	1：100～1：200
设计说明	项目概况以及设计构思等	
经济指标	用地总面积（hm²）；总户数（户）；停车位（辆、辆/户）；总面积、容积率；建筑密度（%）；绿地率（%）	

注：所有图纸均为标准A1尺寸（594mm×841mm），图纸数量应不少于2张；每张图应有统一的图名和图号，以及设计人和指导教师姓名。

居住区规划设计成果要求　表9-5

分项	内容	要点
彩色效果图	整体鸟瞰图1张，街景透视及局部透视图若干张	
规划分析图	结构分析：明确表达规划构思、用地功能、基地与周边关系等。 道路分析：明确表现各道路、车行和步行线路及各类停车场地等。 绿化分析：明确表现各绿地范围、功能结构和形态等。 形态分析：明确表现空间、高度分区及与周边城市空间关系等。 以上分析图数量可根据情况进行增减（2～3个），可附加文字说明	
规划总平面图	用地方位和比例，建筑层数、使用性质，主要道路及转弯半径、停车位（地下车库和建筑底层架空部分用虚线表现出其范围）、广场、绿化及铺地等	1：1000
区位及现状图	区位图应包括在城市总体规划图或上一层次规划图中基地的位置、周边条件分析等方面内容	比例不限

注：所有设计图纸均为标准A1尺寸（594mm×841mm），图纸数量不限。在每张图纸右下角背面作图签，写明学校、班级、学生姓名、指导教师和作业成绩。

4. 设计内容和要求

要求学生结合本地区自然条件、生活文脉、技术条件、城市景观等方面进行设计构思，提出体现现代住区理念和技术手段的、优美舒适的、有创造性的设计方案。标准单元（街坊）设计内容及要点见表 9-3。

5. 设计成果

本次标准单元（街坊）规划设计的图件内容如表 9-4 所示。

9.2.2　居住区规划

1. 题目

住区规划设计。

2. 时间

教学周 9 ～ 16 周，计 32 学时。

3. 项目位置及概况

住区拟建于杭州市主城区，本设计课程提供 3 个不同地块，地块使用性质均为 2 类居住用地，用地具体的经济指标参见地形图资料。

4. 设计内容和要求

认真收集现状基础资料和相关背景资料，分析城市上一层次规划对基地的要求，以及基地与周围环境的关系，提出相应规划说明、规划指标和图纸等。①实地调查，分析杭州市旧有住区生活环境的特征和问题；②提出居住区规划分析图；③提出居住区道路交通系统；④选择住宅类型，布置合理的、富有特色的居住标准单元（街坊）；⑤确定公共建筑内容、规模和布置方式；⑥绿化景观的规划应层次分明；⑦结合户外活动场地统筹考虑，绿化设计应与杭州市气候特征相适应；⑧规划应考虑电力、电讯、邮电、给水排水、燃气等设施的布局；⑨结合本地自然条件、居住对象、文脉、城市景观等因素规划构思各类空间。

本次居住区规划设计的图件内容如表 9-5 所示。

9.2.3 地形图及相关指标

设计地块的主要控制指标见表 9-6；设计地块地形图见图 9-2。

9.3 实地调查

9.3.1 类别与方法

1. 调查的类别（表 9-7）

2. 调查的方法（表 9-8）

9.3.2 调查内容

住宅标准单元（街坊）设计的调查内容见表 9-9。

住区规划设计的调查内容见表 9-10。

设计地块主要控制指标 表 9-6

地块	内容	指标说明
地块 1	规划地块：杭州夹城巷以南，运河以东，潮王路以北，潮王支路以西，占地 14.44hm² 标准单元（街坊）设计地块：位于基地西南角，设计范围约为 1.54hm²	规划地块：规划容积率为 2.2～2.8，建筑高度小于 100m，建筑密度小于 35%，绿地率大于 30%； 标准单元（街坊）设计地块：规划容积率为 1.2～1.8，建筑高度小于 60m，建筑密度小于 35%，绿地率大于 30%
地块 2	规划地块：杭州德胜河以东，上塘河以北，德胜路以南，上塘路以西，占地 11.46hm² 标准单元（街坊）设计地块：位于基地东南角，设计范围约为 1.57hm²	
地块 3	规划地块：杭州潮王路以南，河东路以东，新市街以北，上塘高架以西，占地 11.29hm² 标准单元（街坊）设计地块：位于基地东南角，设计范围约为 1.44hm²	

(a)

(b)

(c)

图 9-2 设计地块地形图

(a) 地块 1；(b) 地块 2；(c) 地块 3

居住区规划设计调查类别 表9-7

调查类别	内容
实况调查	指居民当前居住生活状况的调查。调查主要针对居民在自己的住区中如何进行日常生活活动的实际状况，包括各项设施的使用频率、出行的次数、消费的标准和认可的场所等，目的在于了解居民目前的居住生活状况和规律
满意度调查	指居民对目前的居住环境满意程度的调查。满意度调查一般涉及居民对自己的住房、对住区各项设施的配置与布局和各项服务的提供是否合理、完善、充分，使用是否方便、设计是否美观，总体是否符合和满足居民日常生活的需要等方面
意向调查	指居民对期望的居住环境的调查。意向调查涉及的方面相当广泛，由于调查的具体目的不明确，其内容和问题应该具有一定的启发性，以启发和引导被调查者的思维

居住区规划设计调查方法 表9-8

调查方法	内容	方式
问卷调查	不论是被调查的对象还是调查的内容均可比较广泛，是一般调查常用的方法	采用问卷直接送到户或人，间接送问卷到区或邮寄到户的方式
访谈调查	一般具有比较明确的被调查对象和比较有针对性的询问内容，范围较小，常常作为问卷调查的补充和用在深入性调查中	与被调查者面对面直接提问并回答的调查方式
观察调查	调查者对客观现状进行真实地记录与描述，侧重于从调查者的角度去了解现状	调查者自己在实地观测

住宅单元（街坊）设计的调查内容 表9-9

分项	内容	
调查对象	新建居住区中的住宅组团及住宅户型	
调查时间	本学期教学第1周为主，在第2周进行调查汇报	
分组	每3～4人为一个调查小组，自选组长，明确分工	
调查内容	户型平面	小区中1梯2户、1梯3户以及1梯多户的分布特征及区位位置
	套型比例	小区中人员构成与套型的关系（小户型居多的小区其居住人群的特点）
	户型规模	了解到一个居住区的大、中、小房型所对应的适用人群，使用需求
	户型功能	使用者喜欢大客厅（南/北客厅）？大卧室？大卫生间？大餐厅？
	户型布局	通风采光的使用现状及需求
	户型外观	造型与功能（尤其是顶部，很多小区使用者搭建玻璃房是否违规，是否影响外观，是否功能合理）的使用现状及需求
		外观与建筑材料的关系
		附属设施（地下车库、底层自行车库等）的使用现状及需求
调查方法	网络资料收集分析；入户观察；与使用者访谈	
成果	汇总分析结果，画出分析表并附文字说明	

居住区规划设计的调查内容 表9-10

分项	内容	
调查对象	选取杭州市范围的3～5个成熟居住区（规模适中）进行调研.其中包含所选择的居住区地块且为重点调查对象	
调查时间	本学期教学第9周为主，可在第1周时进行初步调查； 分成1～2次去，最好能够观察记录到一个小区早晨、中午、晚上及周末白天的现状	
分组	每3～4人为一个调查小组，自选组长，明确分工	
调查内容	区域	所在城市空间结构；建筑肌理；文脉风格；邻里空间尺度；居民印象
	边界	居住区天际轮廓线；功能组成；特色边界特征；居民使用状况分析
	道路	机动车；非机动车；步行；河道等；居民使用状况分析
	节点	入口；中心；交通转换点；居民使用状况分析
	标志	建筑（文物）；店招牌；山峰等；居民使用状况分析
	自然环境	空气；水；土壤；地形；绿化等
	文化需求	交往场地与设施
	交通条件	停车空间；人车分离
调查方法	实地观测并记录；网络资料汇总与分析	
成果	住区城市要素层面分析附说明；本学期第10周课堂汇报；正式图中同时体现	

居住区规划设计调研分工及案例推荐教学计划安排　表9-11

分项	内容
分组及分工	分组由班长负责协调
	每组建议3~4人，5人一组的情况应适当增加调查内容以保证每位同学能够参与其中，组长负责布置分工。2人一组尽量避免
	组长要设计好汇报PPT中数据、图形以及文字排版的分工
推荐小区	紫金文苑；政苑小区； 西城年华（含广宇西城美墅）； 佳绿苑居住区（可局部调查）； 都市水乡碧苑（都市水乡水月苑、水起苑）； 翠苑板块（可选择局部调查）； 都市水乡滟苑； 政苑小区； 铭雅苑东区； 山水人家； 万家花园； 南都德加公寓；青青家园板块（可选择局部调查）； 星洲花园；西溪诚园；保利湾天地； 世纪星城（含毛家桥公寓区域）；雅士苑；沁雅花园；金城花园；桂花城； 香樟公寓；金都花园；和家园板块；府新花园；耀江文萃苑

快速设计的内容及要求　表 9-12

分项	内容
设计依据	依据本课程拟定的设计地块（相关任务书资料）
图纸要求	总平面图、分析图（道路交通分析图、功能结构分析图、生态系统或绿地景观分析图）、鸟瞰图
图纸比例	常用比例有 1∶500、1∶1000、1∶2000
图纸大小	一般为 A1 大小图纸 1-2 张，个别出现 A2 图幅
表达方式	除电脑外，表达方式不限

快速设计的步骤　表 9-13

步骤	内容
1	构思并确定住区空间结构（高、中、低区域）
2	按照日照间距，绘制住宅建筑和其他公共建筑
3	设计路网，确定居住区、小区级道路宽度
4	绘制基本单元内部道路、宅前道路及步行道路等
5	构思设计绿化环境，包括中心公园等公共绿化景观、宅间绿化及道路绿化等
6	绘制分析图及体块图（设计说明及经济技术指标）

(a)

(b)

图 9-3　4 小时快速设计场景
(a) 构思过程；(b) 绘图中

9.3.3　案例推荐

本次住区规划设计实地调研的分工及推荐案例，参见表 9-11。

9.4　快速设计

9.4.1　内容与要求

1. 题目：住区快速规划设计

2. 内容及要求（表 9-12）

3. 时间周期：4 小时

（1）构思并确定方案 0.5 小时。（2）总图设计 1.5 ～ 2.0 小时。（3）分析图等 0.5 ～ 1.0 小时。（4）指标说明等 30 分钟。

9.4.2　步骤与过程（图 9-3，表 9-13）

9.4.3　设计过程（图 9-4）

(a)

(b)

(c)

(d)

图 9-4　快速设计作业讲评场景
(a) 集体评阅；(b) 案例剖析；(c) 学生互动；(d) 现场答疑

9.5 作业成果（图 9-5，图 9-6，图 9-7）

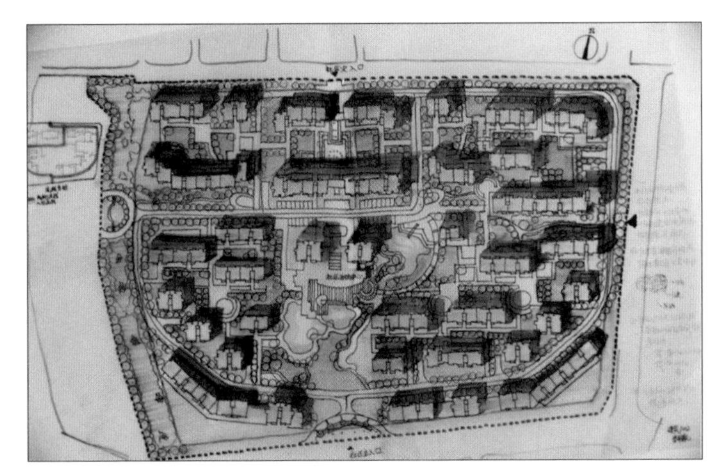

(a)

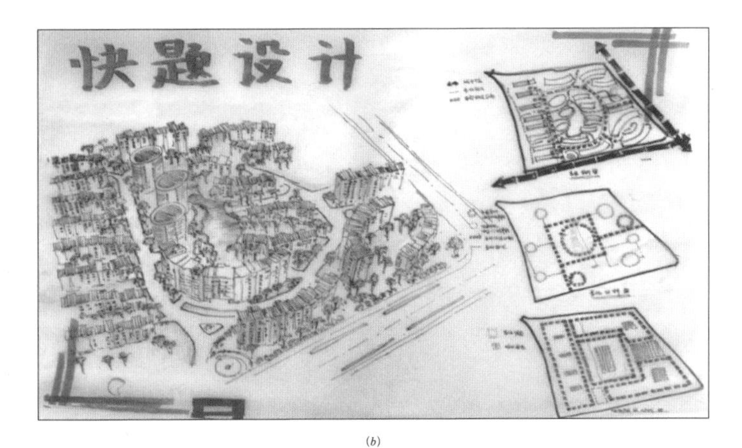

(b)

图 9-5 快速设计作业案例

(a) 案例 1 规划总平面；(b) 案例 2 体块表现及规划结构

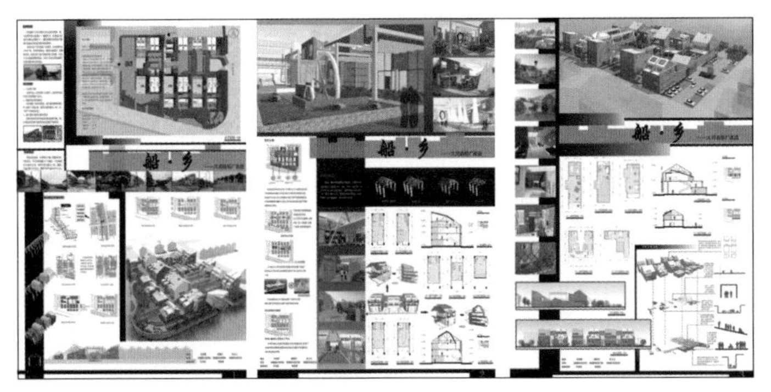

图 9-6 基本单元（街坊）作业

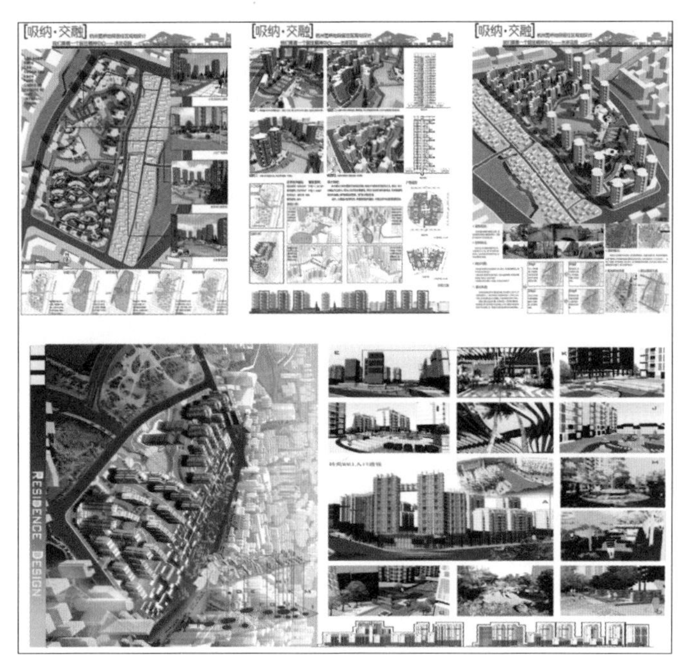

图 9-7 住区规划作业

图表出处

第一章

图 1-1，图 1-2，图 1-5. 来源：浙江工业大学建工学院建筑系自评报告，2010 年 .

图 1-4. 百度百科图片，http://baike.baidu.com/.

表 1-1，表 1-2，表 1-3. 来源：依据教学大纲，笔者整理，2014 年 .

第二章

图 2-1. 来源：王贵祥，东西方建筑空间比较，百花文艺出版社，2006：P 56.

图 2-3，图 2-4，图 2-18. 来源：王笑梦，居住区规划模式，清华大学出版社，2009.11，P7-29.

图 2-5. 来源：www.nipic.com.

图 2-6. 来源：http://www.china-up.com/.

图 2-7. 来源：德国的世遗项目——柏林现代主义风格的居住区，2010，http://blog.sina.com.cn/caixiangnan.

图 2-8. 来源：依据沈玉麟资料，笔者整理 .

图 2-9，图 2-10. 来源：叶彭姚 陈小鸿，雷德朋体系的道路交通规划思想评述，国际城市规划，2009，24，No.4，P69.

图 2-11. 来源：沈玉麟，国外城市建设史，北京：中国建筑工业出版社，1989.

图 2-12，图 2-13. 来源：周国艳 于立编，西方现代城市规划理论概论，东南大学出版社，2010：01.

图 2-14. 来源：霍华德，明日的田园城市，金经元，译，北京：商务印书馆，2000.

图 2-17. 来源：楚超超 夏健，住区设计，东南大学出版社，2011.4.

图 2-20. 来源：朱振骅，阿尔多・凡・艾克设计思想与方法研究，天津大学硕士论文，2012.12，P35.

图 2-21. 来源：周俭，城市住宅区规划原理，同济大学出版社，2013.6.

图 2-22. 来源：Jonathan Barnett.

图 2-23. 来源：吴峰，新城市主义理论与社区环境规划设计研究，西安建筑科技大学硕士论文，2003.6.

图 2-24，图 2-25，图 2-26，图 2-30，图 2-33，图 2-37. 来源：www.nipic.com.

图 2-27. 来源：上海宝山区规划局网站公示资料，2014.

图 2-28. 来源：邱敏，住区规划设计课件，2012，百度文库 .

图 2-29. 来源：任绍斌，单位大院与城市用地空间整合的探讨，规划师，2002 年第 11 期 .

图 2-31. 来源：朱迪，百万庄小区之岁月变迁，设计与研究，2014.8.

图 2-32. 来源：郭明珠 许彦淳，住宅规划设计实例剖析，北京大学出版社，2011.2.

图 2-34（*a*）. 来源：王桂琴，无锡市沁园新村规划设计，城市规划，1989 年第 5 期 .

图 2-34（*b*），（*c*）. 来源：郭明珠 许彦淳，住宅规划设计实例剖析，北京大学出版社，2011.2.

图 2-35. 来源：http://chunyuanxiaoqu.fang.com.

图 2-36. 来源：北京回龙观经济适用住房居住区，百度文库，2012.2.
图 2-38. 来源：香港科讯国际出版有限公司，时代楼盘，宜居社区，2006.
图 2-39. 来源：我的城市我的家——全国摄影大赛，新里派克公馆，2012.
表 2-4. 来源：据惠劼城市住区规划设计概论内容，笔者整理 .
表 2-5. 来源：叶彭姚 陈小鸿，雷德朋体系的道路交通规划思想评述，国际城市规划，2009.

第三章
图 3-1. 来源：中国住宅创新夺标获奖楼盘，中国城市出版社出版，2003.
图 3-12. 来源：Serge Salat，城市与形态，香港国际文化出版有限公司，2013（1），P46.
图 3-14. 来源：成都万科金色家园——活性建筑引领都市生活 [J]. 时代楼盘 - 万科的房子，2006，21：70.
图 3-15（*b*）. 来源：周国艳 于立，西方现代城市规划理论概论，东南大学出版社，2010，P44.
图 3-18. 来源：http://www.archreport.com.cn/.
图 3-20. 来源：居住的城市特征 [J]. 时代楼盘 90 平方米，2006，22：P66.
图 3-21. 来源：依据相关资料笔者整理 .（卢玫垢 王春苑 郑智峰，住区规划中日照环境优化设计策略探析，四川建筑科学研究，2013.2，P279.）
图 3-28（*a*）. 来源：苏德利 佟世炜编，居住区规划，机械工业出版社，2013.7.
图 3-28（*b*）. 来源：蔡镇钰，上海曲阳新村居住区的规划设计，住宅科技，1986.
图 3-28（*c*）. 来源：www.nipic.com.
图 3-29. 来源：杨国霞 苗天青，城市住区公共设施配套规划的调整思路研究，城市规划，2013.10，P74.
图 3-30，图 3-35. 来源：现代景观规划设计，刘滨谊，P73.
图 3-32. 来源：郑州农行职工住宅区——园林手笔 创建和谐人居 . 时代楼盘 - 新江南住宅，2006，15：54.
图 3-33，图 3-34，图 3-39. 来源：欧阳康 等编著 . 住区规划思想与手法 [M]. 中国建筑工业出版社，2009：P93.
图 3-36. 来源：http://www.szjs.com.cn/works/
图 3-37. 来源：理想空间，第 24 辑
图 3-40. 来源：郑正 王仲谷，深圳白沙岭高层居住区，时代建筑，1985.01，P48.
表 3-15. 来源：依据《城市居住区规划设计规范》、《住宅设计规范》、《民用建筑设计通则》及《住宅建筑规范》等相关条款，笔者整理。

第四章
图 4-1. 来源：www.nipic.com.
图 4-2. 来源：http://img.taopic.com.
图 4-4. 来源：意式贵族风范 尊享荣耀人生——苏州中海半岛华府 [J]. 时代楼盘 - 宜居社区，2007，25：P31.
图 4-5，图 4-8，图 4-9. 来源：http://www.myliving.cn.
图 4-6，图 4-7. 来源：现代人文社区——广州富力院士庭二期 [J]. 时代楼盘 - 地产王者的生存之道，2009，53：P99.
图 4-11，图 4-12. 来源：绿城杭州项目部资料，2012.
图 4-13，图 4-14. 来源：http://img.taopic.com.

图 4-15. 来源：Oscar. Newman，《可防卫空间》.
图 4-20，图 4-22，图 4-24. 来源：http://Baidu.com.
图 4-21. 来源：中森设计 .
图 4-23. 来源：Serge Salat 著，城市与形态，香港国际文化出版有限公司，2013（1），P54.

第五章
图 5-3. 来源：吴志远，海上海居住建筑文化艺术，理想空间，第二十四辑，2007.12，P6.
图 5-16. 来源：陈 伟 胡江淳，住宅小区地下停车库的设计，地下空间，1999.9，P195.
图 5-20. 来源：http://www.qichunfdc.com/info/533_3.shtml.
图 5-21. 来源：http://blog.sina.com.cn.
表 5-2. 来源：http://data.house.sina.com.cn/nb25080/slide/fl.
表 5-6. 来源：城市居住区规划设计规范，2002.
表 5-17. 来源：周俭，城市住宅区规划原理，同济大学出版社，1999.

第六章
图 6-2，图 6-6. 来源：【美】迪鲁 •A• 塔塔尼，李文杰译，“城和市的语言 - 城市规划图解辞典”2，电子工业出版社，2012 年 10 月，p638.
图 6-3，图 6-13. 来源：http://www.baike.com/.
图 6-4. 来源：叶彭姚 陈小鸿，雷德朋体系的道路交通规划思想评述，国际城市规划 2009,24, No.4，P70.
图 6-5. 来源：张鹏，关于居住小区“人车分流”道路系统的规划探讨，《青岛理工大学学报》2005 年：P60.
图 6-7. 来源：中海地产项目资料，2013 年 .
图 6-8. 来源：绿城社区规划设计的理念与实践解析，百度文库，2012.
图 6-9. 来源：知音苑项目资料，百度百科，2012.
图 6-10. 来源：王仲谷，寻找适合中国的城市设计 郑正城市规划、城市设计论文作品选集，2007，P270.
图 6-13，图 6-23，图 6-24，图 6-27. 来源：http://www.baike.com/.
图 6-15，图 6-17，图 6-18. 来源：依据万科建筑规划培训资料，笔者整理 .
图 6-19，图 6-20，图 6-21，图 6-22. 来源：人车共行道路研究，百度文库，2010.

第七章
图 7-1（*a*）. 来源：淮北市城市绿地系统规划资料，北京天地都市建筑设计案例资料，2004.
图 7-6，图 7-8，图 7-17，图 7-20，图 7-22，图 7-23，图 7-27. 来源：http://www.baike.com/.
图 7-9，图 7-10. 来源：株洲“金域 • 半岛”居住区项目景观设计，中国园林网，2010.6.
图 7-11. 来源：http://foshan.anjuke.com.
图 7-18. 来源：DL 国际新锐设计资料，2012.
图 7-21，图 7-24，图 7-26. 来源：（美）安德烈斯等著，王佳文译，精明增长指南，中国建筑工业出版社，2014：1.

图 7-33. 来源：成都 MIC 居住区景观，让设计更精彩—feelways.com，2012.
表 7-6，表 7-7，表 7-8. 来源：李飞，对《城市居住区规划设计规范》2002 中居住小区理论概念的再审视与调整，城市规划学刊，2011.03.

第八章
图 8-3，图 8-7，图 8-14，图 8-21，图 8-22，图 8-29. 来源：http://www.pic.baidu.com.
图 8-5. 来源：王笑梦，居住区规划模式 - 清华大学出版社，2009.11.
图 8-6. 来源：贝思出版有限公司，都市伊甸园 广州篇，江西科技出版社 2003-4，P48.
图 8-11，图 8-12. 来源：跨世纪住宅设计方案选集，p226，p231.
图 8-16. 来源：建筑中国网，http://arch.Liwai.com.
图 8-17. 来源：http://app.pingxiaow.com/jianzhu.
图 8-18. 来源：http://design.yuanlin.com/HTML/Opus/2014.
图 8-20，图 8-23，图 8-24. 来源：UA 国际设计资料，2012.
图 8-33. 来源：道路用地规划设计 PPT 课件，百度文库，2010.

参考文献

[1] Dennis Maillat. Innovation Networks and Territorial Dynamics:《A Tentative Typology，Patterns of a Net—work Economy》，New York：Springer—Verlag，1993.
[2] K.Frampton. Studies In Tectonic Culture[M].U.S.A: The MIT Press，1996.
[3] Marco Frascari. The Tell-the-Tale Detail. 见：Kate Nesbitt Editor. Theorizing a New Agenda for Architecture——An Anthology of Architectural Theory 1965-1995. New York：Princeton Architectural Press，1996.
[4] Peter Hall:《Cities of Tomorrow》，Update Edition，1999.
[5] Martin Steffens, Peter Gossel. Karl Friedrich Schinkel. TASCHEN, 2003.
[6] 朱建达，《当代国内外住宅区规划实例选编》，中国建筑工业出版社，1994.10.
[7] 吴良镛，《人居环境科学导论》，中国建筑工业出版社，2001.
[8] 周俭，《城市住宅区规划原理》，同济大学出版社，1999.4.
[9] 深圳市规划设计院编译，《可持续的住区》，1999.12.
[10] 凯文·林奇 加里·海克，《总体设计》，中国建筑工业出版社，1999.11.
[11] LYNCH & HACK：张效通译，《敷地计划》第三版，六合 - 外版 ,1998.
[12] 李德华，《城市规划原理》，中国建筑工业出版社，2001.
[13] 沈克宁 马震平，《人居相依——应当怎样设计我们的居住环境》，上海科技教育出版社，2000.1.
[14] 王受之，当代商业住宅区的规划与设计——新都市主义论，中国建筑工业出版社，2001.
[15] 沈克宁 马震平，人居相依——应当怎样设计我们的居住环境，上海科技教育出版社，2000.
[16] 刘延枫 肖敦余，低层住宅群空间环境规划设计，天津大学出版社，2001.
[17] 朱建达，小城镇住宅区规划与居住环境设计，东南大学出版社，2001.
[18] 陈劲松，社区——大盘出路，机械工业出版社，2002.
[19] 惠劼 张倩 王芳 编著，城市住区规划设计概论，化学工业出版社，2005.
[20] 麦克·拜达尔夫 著 褚冬竹 谢思思 等译，住区规划手册，机械工业出版社，2011.
[21] 吴良墉，芒福德的学术思想对当代城市规划的启示，城市规划，No.1，1996.
[22] 王晓东等，城市景观规划中若干尺度问题的生态学透视，城市规划汇刊，No.5，2001.
[23] 邢忠，“边缘效应”与城市生态规划，城市规划，No.6，2001.
[24] 邓晓梅，从单位社区到城市社区，规划师，No.8，2002.
[25] 国际建协“北京宪章”，建筑学报，No.6，1999.
[26] 孙一飞，马润潮：边缘城市——美国城市发展的新趋势，国外城市规划，1997.4.

［27］沈克宁，当代美国建筑设计理论综述，建筑师，第 80 期，1998.2.
［28］胡四晓，DUANY&PLATER ZYBERK 与新城市主义，建筑学报，1999.1.
［29］邹兵，“新城市主义”与美国社区设计的新动向，国外城市规划，2000.2.
［30］邹兵，“新城市主义”与美国社区设计的新动向，国外城市规划，2000.2.
［31］尹纾，城市社区网络结构新概念及其规划方法初探，新建筑，1998.1.
［32］郭城 张播，《城市居住区规划设计规范》使用中的若干问题，城市规划，2003.8.
［33］任绍斌，单位的分解蜕变及单位大院与城市用地空间的整合，规划师，2002.11.
［34］李飞，对城市居住区规划设计规激（2002）中居住小区理论概念的再审视与调整，城市规划学刊，2011 年第 3 期 .
［35］邱晶晶，空中联排别墅户型探讨，福建建筑，2013 年第 10 期 .
［36］舒平 汪丽君 宋令涛，住区规划与大城市住宅层数发展策略研究，住区规划研究，2002.3.
［37］赵民 林华，居住区公共服务设施配建指标体系研究，住区规划研究，2002 .12.
［38］汤晋苏，中国城市社区建设的基本走向，中国社区服务网，2002.
［39］中国城市社区建设课题组：中国城市微型社区组织：居民委员会建设研究报告，中国社区建设网，1998.
［40］轩明飞，社区理论知识，中国社区服务网，2001.
［41］崔援民 刘金霞，中外城市化模式比较与我国城市化道路选择，中国社区服务网，2001.

后　记

自 2010 年以来，笔者在浙江工业大学建筑工程学院担任专职教师，主要负责“城市与建筑”模块的教学组织，开展居住区规划与住宅设计专业课程的各项工作。所在建筑学系于 2010 年通过建筑学专业评估。尽管开展模块化教学的时间不长，但是课程组中的各位任课教师均对本门课程教学建设投入极大的热情。从教师阵容来看，差不多均是活跃在居住区规划和设计领域、具有代表性的设计师。在本次教材编写过程中，各位同仁以自身教学理念和实践经验出发，提出了宝贵的意见和建议。

作为设计师，笔者曾多次参与居住区规划设计工作并主张从宏观角度看待居住建筑，一直强调其所具有的社会意义以及对城市空间的重要性。本教材始终将“城市中的住区”置于头等地位，并以“空间生成”为主线，从物质要素、行为模式和审美价值等方面分别阐述，同时利用插图和表格做出浅显易懂的注解。

本教材首先明确本课程教学定位，进而从概念、历史出发初识住区，再从物质秩序、行为活动、设施混合、交通出行、绿色景观和价值判断各维度描述住区空间生成，最后展示本学系教学组织过程。经过千曲百折，本教材终于被摆在了诸位读者面前。作为编著者，在这里还要感谢学系主任于文波教授为本教材的提纲作出的中肯建议，此外，在本教材成型过程中，为文字编写作出重要贡献的王宇洁老师，为各章节图片编辑做出大量工作的建筑学本科 2012 级李小洋、蔡新峰等同学表示谢忱。

仲利强

2015 年 12 月